服装机械使用维修技术丛书

钉扣机使用维修技术

王文博　主编

U0274784

金盾出版社

内 容 提 要

本书是服装机械使用维修技术丛书之一,系统地阐述了国内外钉扣机常见机型的结构特点和使用维修技术。主要内容包括:钉扣机概述,国产 GJ 型钉扣机,重机 MB 系列钉扣机,直接驱动式计算机钉扣机,重机 AMB -289 型高速电子单线环绕线钉扣机。

本书适合服装机械设备使用、维修者和管理者阅读参考,也可供高、中等院校服装机械和服装专业师生教学参考,还可作为钉扣机操作、维修人员上岗培训教材。

图书在版编目(CIP)数据

钉扣机使用维修技术/王文博主编 . —北京:金盾出版社,2015.8

(服装机械使用维修技术丛书)

ISBN 978-7-5082-9736-1

Ⅰ.①钉… Ⅱ.①王… Ⅲ.①钉扣缝纫机—使用方法—基本知识 ②钉扣缝纫机—维修—基本知识 Ⅳ.①TS941.562

中国版本图书馆 CIP 数据核字(2014)第 237052 号

金盾出版社出版、总发行

北京太平路 5 号(地铁万寿路站往南)
邮政编码:100036　电话:68214039　83219215
传真:68276683　网址:www.jdcbs.cn
封面印刷:北京精美彩色印刷有限公司
正文印刷:北京万博诚印刷有限公司
装订:北京万博诚印刷有限公司
各地新华书店经销
开本:850×1168 1/32　印张:9.25　字数:273 千字
2015 年 8 月第 1 版第 1 次印刷
印数:1~3000 册　定价:33.00 元

前　　言

　　服装机械设备的发明替代了服装的手工制作,加速了传统文明向现代文明发展的进程。随着科学技术的逐步发展,服装机械特别是缝纫机运行速度从低速(200～300r/min)发展到中速(3000r/min),目前已经达到高速(5000r/min)和超高速(7000～10000r/min),进入到高速化阶段。同时,服装机械设备的种类也从通用向专用方向拓展,陆续发明了双针缝纫机、包缝缝纫机、绷缝缝纫机、链缝缝纫机、套结缝纫机、钉扣缝纫机、锁眼缝纫机、曲折缝缝纫机、上袖缝纫机、装饰用缝纫机等,以及服装材料预加工设备、服装整理机械设备,使服装机械设备几乎覆盖了服装生产的方方面面。

　　目前,工业缝纫机的设计、制作和使用,已经进入新的时代。随着现代科学技术的迅速发展,特别是电子技术和计算机技术在缝纫机械中的广泛应用,服装机械设备的科技含量越来越高,高速化、自动化、数控化、智能化、多功能化成为现代服装机械设备发展的大趋势。国内外已经生产并广泛应用多种智能型工业缝纫机、计算机缝纫机。计算机程序控制技术运用于各种服装机械设备中,不但开发出多种自动化高速计算机平缝机,而且还发明了计算机套结缝纫机、计算机钉扣缝纫机、计算机锁眼缝纫机、计算机花样机、计算机曲折缝缝纫机、计算机上袖缝纫机、计算机开袋机、计算机绣花机等。现代服装机械设备品种齐全,基本上实现了机电一体化。服装机械和服装生产技术水平正在从劳动密集型向技术密集型发展。

　　20世纪80年代以来,我国服装机械设备生产和应用有了划时代的发展。机、电、光、气(液压)一体化、无(微)油直驱动技术和智能化技术的进一步应用,体现了服装机械设备的发展趋势。

由机电一体化控制的服装机械设备可以完成自动停针、自动剪线、自动拨线、自动前后加固、自动线迹模式、慢起动、镜像变换、花样缩放、针数设定、人机对话、功能显示等功能。

现代服装机械设备,特别是计算机缝纫机或智能型工业缝纫机已普遍使用机电一体化系统,不但对操作者的正确使用要求严格,而且需要很高的调整和维修技术。服装机械设备使用维修技术丛书正是基于这种背景和要求编写的。本丛书将分为9个分册编写出版。考虑到目前企业设备使用状况,本丛书将兼顾普通服装机械设备和计算机控制服装机械设备的内容。本丛书因篇幅有限,只能根据作者掌握的信息资料,选择具有代表性的机型进行较系统的介绍。希望读者阅读后能"举一反三"。在编写方面,力求通俗易懂,简明扼要,并突出实用性和阅读的方便性。

本丛书在编写过程中,参阅了大量资料和不同机型的使用说明书。借此书出版之际,向各位资料作者和生产厂家表示衷心的感谢。

参加本书编写工作的有马红麟、姚云、贾云萍、陈明艳、刘姚姚、杨九瑞、张弘、张继红、管正美,由王文博主编并统稿。

由于作者水平和掌握的资料有限,书中疏漏难免,欢迎专家和读者批评指正。

作　者

目　　录

第一章 钉扣机概述

第一节 钉扣机基本结构、类型和技术参数

一、钉扣机基本结构

钉扣机是用于缝钉各类服装纽扣的专用缝纫机械。主要用于缝钉两眼和四眼扁平纽扣,只要配备适当的纽扣夹持器,还能钉带柄纽扣、揿纽扣、风纪扣、子母扣、缠绕扣等。

钉扣机外部结构如图 1-1 所示。其机头内部结构如图 1-2 所示。

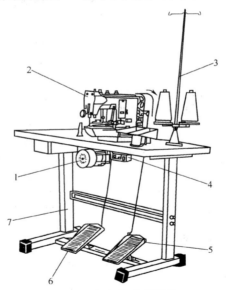

图 1-1 钉扣机外部结构

1.电动机 2.钉扣机头 3.线架 4.电源开关

5.脚踏 6.脚踏开关 7.机架

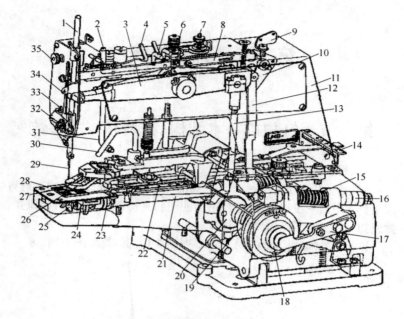

图 1-2　钉扣机机头内部结构

1. 针杆　2. 夹线方柱　3. 针杆传动杠杆　4. 线量调节钩　5. L 形过线杆
6. 第二夹线器　7. 第一夹线器　8. 夹线调节杆　9. 第一过线板　10. 夹线传动三角板
11. 机身　12. 压脚提升板　13. 针杆传动连杆　14. 纵送料刻度板
15. 制动缓冲弹簧　16. 制动缓冲橡胶垫　17. 起动压板　18. 驱动带轮
19. 制动凸轮　20. 针杆偏心凸轮　21. 线钩轴管　22. 横送料刻度板
23. 拨线凸轮　24. 拨线三角凸轮　25. 线钩　26. 纽夹　27. 送料板
28. 针板　29. 机针　30. 纽夹提升挡杆　31. L 形纽夹提升杆
32. 第三夹线器　33. 第三过线钩　34. 针杆挑线　35. 松线按钮

二、钉扣机类型和技术参数

目前,钉扣机的类型按线迹形式不同分为链式线迹钉扣机和锁式
线迹钉扣机两种。

1. 国产钉扣机

国产 GJ1-2 型钉扣机和 GJ4-2 型钉扣机,同属于针杆挑线、旋转钩
勾线的单线链式线迹钉扣机,线迹为 107 号。

GJ1-2 型钉扣机可钉缝两孔和四孔圆形纽扣。如果加上附具,还可钉缝军服立扣和风纪扣等。钩针有可调性变速机构,凸轮盘以圆锥齿轮传动,下轴(主轴)与上轴(扭轴)用连杆传动。这种钉扣机结构比较复杂。

GJ4-2 型钉扣机的结构、性能均比 GJ1-2 型钉扣机有明显的改善和提高。该机采取针杆和钩针同步摆动,可使钩针容易勾住线环和穿套前一针的线环,其上下轴采用曲线齿锥齿轮传动。针杆和旋转钩摆动凸轮、扣夹移动凸轮和蜗轮一体,结构较紧凑,封闭严密,还附有自动剪线装置。另外,在 GJ4 型钉扣机系列中,还有 GJ4-1 型钉扣机和GJ4-3 型钉扣机,分别用于钉带柄纽扣和钉衬衫纽扣。

国产钉扣机技术参数见表 1-1。

表 1-1 国产钉扣机技术参数

机型	最高转速/(r/min)	机针摆距/mm	纽夹移动距/mm	缝钉针数	机针型号	纽扣直径/mm	针数	电动机功率/W
GJ1-2	1000	2.5～4.5	0～4.5	20	566	10～30	1	250
GJ4-2	1400	2～4.5	0～4.5	20(16)	GJ4×100 ～130 (16*～20*)	9～26	1	250

2. 国外引进的钉扣机

目前,国内服装企业引进的钉扣机种类较多,基本上可分为高速、半自动和自动送扣钉扣机三种。日产 LK 型和 MB 系列钉扣机为锁式线迹。

(1) LK 型高速钉扣机 采用平缝钉扣方式。线迹结实美观,并具有打结机构,可防止纽扣脱落。它还具有自动切线、单踏板等装置,并有三种纽扣尺寸,可视缝料质地和纽扣尺寸的不同进行选择。高速平缝钉扣机的钉扣方式和针数见表 1-2,其钉扣方式有四种,针数有 9 针、18 针两种。

LK-981-555 型高速平缝钉扣机技术参数见表 1-3。它主要适用于钉男女衬衫、运动服和针织衫等领口、袖口的扣。高速平缝钉扣机对纽扣尺寸、扣孔间隔的要求和适用范围见表 1-4。

表 1-2　高速平缝钉扣机的钉扣方式和针数

LK-981-555	LK-981-556	LK-982-557	LK-981-558
18针 18针	16针 16针	22针 22针	18针 18针
18针 9针	16针 8针	22针 11针	9针

表 1-3　LK-981-555 型高速平缝钉扣机技术参数

最高缝速	针	针数	送布量		压脚升距	针杆冲程	切线装置	踏板	压脚上升
			横送布	纵送布					
2000 针/min（棉线）	DPX11#14（标准）	9针 18针	2.5～6.5mm	0～6.5mm	13mm（最大）	45.7mm	自动切线	单踏板	自动上升方式
纽扣大小	标准 10～20mm（小纽扣）另可用于中纽扣和大纽扣								
加油方式	双重油槽式油芯集中加油			打结机构		装有线打结机构			

表 1-4　高速平缝钉扣机对纽扣尺寸、扣孔间隔的要求和适用范围

	扣子尺寸/mm	扣孔间隔/mm	适用范围
小扣用 2100	$\phi10\sim\phi20$	3.5～3.5	适于薄质衬衫类
中扣用 2102	$\phi10\sim\phi20$	4.5～4.5	适于中厚质料的男西装、中山装
大扣用 2101	$\phi20\sim\phi32$	6.5～6.5	适于中厚质、厚质服装

（2）MB 系列高速钉扣机　主要有 MB-372 型高速钉扣机和带有自动切线器的 MB-373 型高速钉扣机。该系列钉扣机可缝钉大部分的纽扣，且钉扣稳定、迅速，切线正确。

①MB-372 系列高速钉扣机在完成钉扣工序后，作业钳脚上升产生冲击力，使针线自动切断。适宜于缝钉男女衬衫、针织品、内衣、童装等服装的纽扣。

②MB-373 系列高速钉扣机带有自动切线器。该机在缝钉纽扣时，可动刀分线器能使针线随弯针和挑线杆运动。当钉好纽扣后，由固定切刀和可动切刀所构成的自动切线器切线。由于切线器能迅速切

断较粗的棉线或化纤线，所以适合中厚缝料的钉扣，如雨衣、西服、女套装、中山装等。该机还附有自动送扣装置，纽扣的安放完全由送扣装置完成。

③MB系列机的缝钉形式与一般钉扣机不同，它采用摆料形式。并采用独特的预备停止装置，可减缓停止时的冲击力，使得钉扣安全而稳妥。

④该类钉扣机的针数有6针、12针、24针、8针、16针、32针六种。可根据服装的款式不同来变更对于纽扣尺寸大小或纽孔数由四孔变到两孔的情况下，可调节杠杆的杆比即可完成。

⑤MB系列高速钉扣机装有无过线装置（Z025／AO-14），因此，当缝钉器孔对准纽孔时只需压踏一次，就能自动地起动两次，当第一次两孔缝钉完毕，进行切线时，由于纽扣夹爪上升力推动电磁阀的作用，就引动Z025拨线器进行第二次两孔缝钉，然后再切线，这样就完成了无过渡线的纽扣缝钉。如果需要缝钉两孔的纽扣，只要将转换器打到两孔的位置即可。

⑥MB系列高速钉扣机技术参数见表1-5。

表1-5　MB系列高速钉扣机技术参数

	MB-372系列	MB-373系列
线	棉线50#～60#	厚质棉线、化纤线等20#
针	TQ×7　16#（标准）	TQ×7　20#
缝速/（针/min）	最高1500	最高1500
缝针数	8针，16针，32针只要交换齿轮和凸轮就能变换成6针，12针，24针	
送料/mm	纵向送2.5～6.5，0～2.5，横向送2.5～6.5 依纽扣大小需要适当地调整	
纽扣尺寸/mm	外径7～28	
作业钳脚提升	自动或踏板式	
断路装置	自动式（有预备停止装置）	
电动机	普通感应电动机	

续表 1-5

	MB-372 系列	MB-373 系列
	MB-373NS	MB-377NS
缝速/(针/min)	最高 1500(正常 1300)	最高 1500(正常 1300)
缝针数	8 针,16 针,32 针(更换凸轮后可为 6 针,12 针,24 针)	8 针,16 针,32 针
送料/mm	横向送 2.5～6.5,纵向送 0,0.5～6.5	
纽扣尺寸/mm	10～28	
针	TQ×1　16#(14#～18#)	TQ×7　16#(14#～20#)

⑦MB 系列高速钉扣机利用各种不同的附件,可对不同的纽扣进行缝钉,并能对服装的商标进行缝贴。各类纽扣标准尺寸和所用附件见表 1-6。

表 1-6　各类纽扣标准尺寸和所用附件

纽扣种类	纽扣尺寸/mm	MB-372 型附件	MB-373 型附件
平纽扣(大)	5～7.5 0～7.5 20～28	Z001缝钉平纽扣(大)	Z031缝钉平纽扣(大)
平纽扣(中)	4～6 6 12～20	Z002缝钉平纽扣(中)	Z032缝钉平纽扣(中)
平纽扣 标准(小)	缝钉下述尺寸时, 不需附件 2.5～5 5 10～12		

续表 1-6

纽扣种类	纽扣尺寸/mm	MB-372 型附件	MB-373 型附件
平纽扣（极小）	下述尺寸纽扣,仅适用于MB-372-16型 1.5~4 7~10 4		
周围缠卷纽扣（缝料）和纽孔的距离无法调整	最大28 4.5	Z004缝钉周围缠卷纽扣	Z004缝钉周围缠卷纽扣,与MB-372共用
周围缠卷纽扣（能调整缝料和纽扣的距离）	夹杆	Z041缝钉周围缠卷纽扣	Z041缝钉周围缠卷纽扣
加固纽扣（第一工序）		Z009与Z004、Z041共用	Z039与Z004、Z041共用
带柄纽扣（柄为方形）	1.5 1.5以上 16以上 B A A 和 B 的能缝钉尺寸 $A=6,B=3$　$A=5,B=2.5$	Z003带柄纽扣用	Z033带柄纽扣用
带柄纽扣（柄为圆弧形）		Z010带柄纽扣用	Z040带柄纽扣用

续表 1-6

纽扣种类	纽扣尺寸/mm	MB-372 型附件	MB-373 型附件
其他带柄纽扣	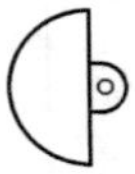	Z006 缝钉带柄纽扣用(此附件可依用户指定尺寸制造)	Z036 缝钉带柄纽扣用(此附件可依用户指定尺寸制造)
按扣	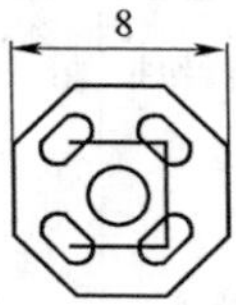	Z007 缝钉按扣 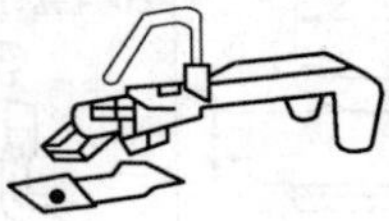	Z037 缝钉按扣 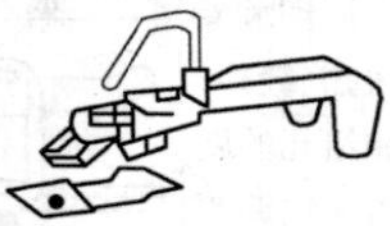
签条	$3\sim6.5(\frac{1}{8}\sim\frac{1}{4}\,in)$ 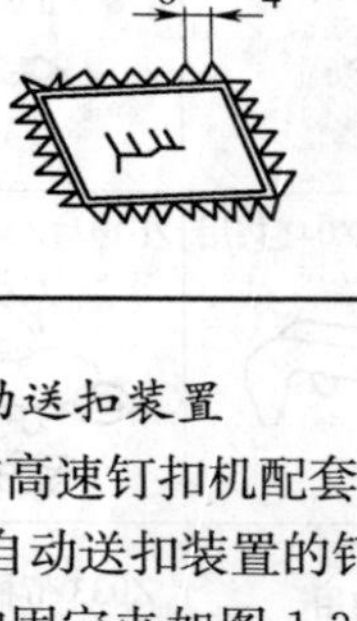	Z014 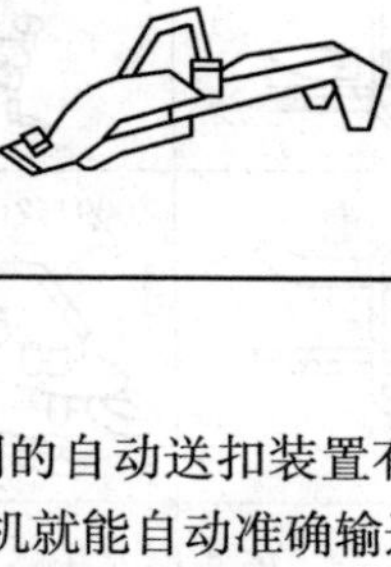	Z044 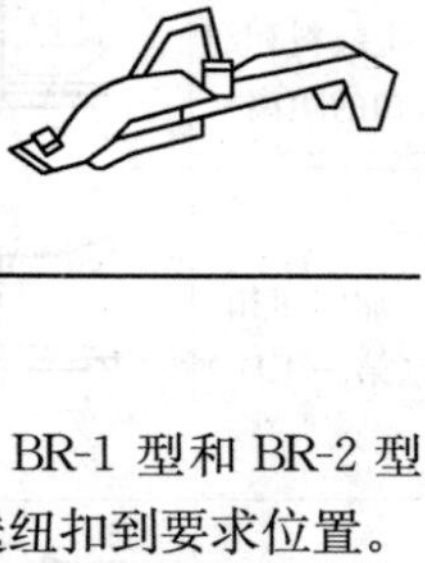

3. 自动送扣装置

一般与高速钉扣机配套使用的自动送扣装置有 BR-1 型和 BR-2 型两种,装有自动送扣装置的钉扣机就能自动准确输送纽扣到要求位置。

①纽扣固定夹如图 1-3 所示。服装款式不同,对纽扣的要求也不同。当纽扣尺寸或纽孔数变更时,只要更换纽扣固定夹即可。纽扣固定夹为标准件,如果纽扣尺寸不标准,批量又大,可制造专用纽扣固定夹。

②纽扣形状应与自动送扣装置相适应。BR-1 型的纽扣形状要求如图 1-4 所示,不能在 BR-1 型使用的纽扣形状有两种,而能使用的纽扣形状有三种。

③针板的选择见表 1-7,根据纽扣尺寸、间距和缝料选择不同的针板。

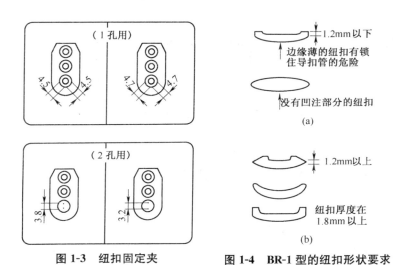

图 1-3 纽扣固定夹

图 1-4 BR-1 型的纽扣形状要求

(a)无法使用的 (b)可使用的

表 1-7 针板的选择

针板/mm	纽扣尺寸 (直径)/mm	纽扣间距/mm 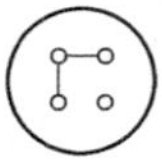	缝 料
Z100(装在标准型号上)5×5 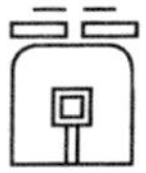	10～20	3.5×3.5	薄质料
Z102 针孔 尺寸 8.5×8.5 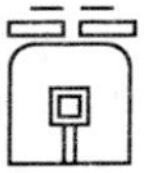	10～20	4.5×4.5	中厚料

德国杜克普公司生产的 564 型钉扣机,是单线链式线迹,利用纽扣夹紧装置自动升降产生的冲击来切断针线,它能钉装饰扣、平扣、竖扣

等,且能通过调换附件作套结机用。其运动控制多利用电磁阀,机构结构简单,线迹美观牢固。机针横向摆动。采用中央集中润滑,保养工作少,对两孔或四孔纽扣可迅速重调,整机刚度好、精度高。该机最高转速为 1500r/min ,缝纫针数 21、28 ,纽扣直径为 10~25mm。

第二节　钉扣线迹的形成

一、钉扣的线迹及其构成

目前多数钉扣机都采用单线链式线迹。

链式线迹具有弹性,可承受一定程度的张力。因此,它对于钉扣机钉扣眼来说是比较理想的。

单线链式线迹如图 1-5 所示。最初的钉扣机钉扣线迹形成考虑方案就是由单线构成缝纫线迹。这种线迹只有一根单线,它的一个线圈从缝针面穿透通过缝料,并在缝料另一面

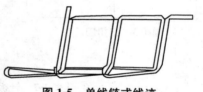

图 1-5　单线链式线迹

进行内连圈。线钩不带线团,只起结链作用。线迹是通过缝针和线钩穿套而成。链式线迹具有弹性,它可以承受一定程度的拉力,这是锁式线迹不能比拟的。这种线迹是一种较理想的钉扣线迹。单线单环链式缝的线迹形成如图 1-6 所示。缝针上升时形成单线环,线钩勾上线而运转,在没有解脱该线环时就勾上下一个线环,上一个线环就在线钩的继续运转下解脱,从而构成缝纫线迹。

二、单线链式线迹形成过程

(1)GJ 型钉扣机线迹形成过程　线钩勾线过程如图 1-7 所示。机针摆向右边穿过扣夹上的纽扣扣眼和缝料到最低位置,然后向上移动形成线环(图1-7a)。在这一瞬间,线钩处于开始加速趋势,线钩尖运动到缝针线环位置,并进行勾线。此时线钩所勾住的线环是从上一针的线环当中勾住的。

线钩勾住线环后进行勒线(图 1-7b),缝针退出移到左边扎入纽扣另一扣眼并扎进上一针被推线叉扩展的线环(图 1-7c)。在这种状态

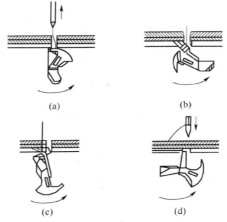

图1-6 单线单环链式缝的线迹形成

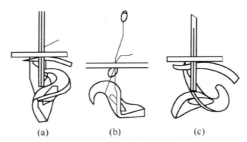

图1-7 线钩勾线过程

下,线钩继续转动,针杆同时上升。到线钩尖运动到接近缝针时,就成为下一针勾线状态。照此循环下去直到纽扣钉完。在钉两眼扣时,扣夹不移位;钉四眼扣时,扣夹移动,对另两孔进行缝钉。

(2)MB-373型钉扣机单线链式线迹形成过程 MB-373型钉扣机单线链式线迹形成过程如图1-8所示。

①图1-8a所示为第一次勾线阶段,机针从下极限位置上升2.6mm时,在机针的后面抛出一个线环。此时,线钩尖逆时针方向转到机针中心线,勾住线环。

②如图1-8b所示,在送布牙推动下,缝料移动一个针距,线环被钩针拉长。

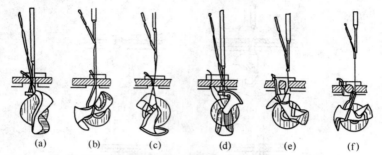

(a)　　　　(b)　　　　(c)　　　　(d)　　　　(e)　　　　(f)

图 1-8　MB-373 型钉扣机单线链式线迹形成过程

③如图 1-8c 所示，直针第二次下降，先穿过缝料，再穿过被钩针拉长的线环。

④如图 1-8d 所示，直针又开始上升，同时形成新拉环，并被钩针尖勾住。

⑤如图 1-8e 所示，缝料再向前移动一个针距，新线环拉长扩大。

⑥如图 1-8f 所示，前一线环从针上脱下，套在新线环上；直针下降，进入下一循环过程。

第二章　国产 GJ 型钉扣机

第一节　GJ 型钉扣机的结构和传动原理

GJ4-2 型钉扣机工作中机针与旋转线钩左右同步摆动,纽夹(扣夹)在机针摆动方向不动,在缝钉四眼扣时,缝完前两孔,纽夹进行纵向移动(跨针运动),完成后两孔缝钉,20 针缝完后自动停车,切割缝线,抬压脚由操作者踏动踏板完成。

实现缝钉过程是该机针杆机构、勾线机构、摆针机构、纽夹移位(跨针)机构、纽夹压布机构、割线机构和起动、制动机构等相互配合运动的结果。GJ4-2 型钉扣机工作原理如图 2-1 所示,其传动路线如图 2-2 所示。

(1)针杆机构　钉扣机的针杆形式有摆动和不摆动两种。国产 GJ1-2 型和 GJ4-2 型钉扣机均采用摆针形式。日产 MB 系列则采用摆料形式,针杆不摆动。

如图 2-3 所示,GJ1-2 型钉扣机针杆机构由两个子机构组合而成。针杆上、下运动,由曲柄滑块机构控制,即由连接在主轴 1 上的连杆 10、传动挑针轴 11,再经连杆 12 带动针杆 9 上、下运动;针杆摆动是由齿轮凸轮组合机构控制的,即主轴 1 通过蜗杆 2、蜗轮 3 带动摆针凸轮 4,在凸轮槽道的作用下,摆针杠杆 6 绕支点 8 摆动,从而实现针杆 9 左右摆动。针杆摆动凸轮每转一周共有 20 针,其中有 16 针摆动,4 针不摆动,以加固钉扣线迹的牢度(钉完一个扣子,机针在原扣眼扎两次)和保证开针时勾线的准确(开针时有一针不摆动,勾线环才有把握)。

钉扣机的挑线也是由针杆上、下往复运动来完成的。如图 2-4 所示,GJ4-2 型钉扣机针杆机构也是由两套子机构组合而成。其上、下运动由曲柄滑块机构控制,即由固定主轴 1 前端的针杆曲柄 2 经针杆连杆 3 带动针杆 4 完成的。如图 2-5 所示,GJ4-2 型钉扣机针摆机构是蜗

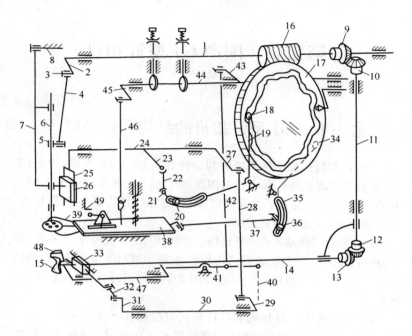

图 2-1   GJ4-2 型钉扣机工作原理

1. 主轴 2. 针杆曲柄 3. 针杆曲柄销 4. 针杆连杆 5. 针杆夹头 6. 针杆
7. 针杆摆架 8. 销轴 9、10、12、13. 锥齿轮 11. 竖轴 14. 线钩轴 15. 旋转线钩
16. 蜗杆 17. 蜗轮 18、34. 滚轮 19. 摆针调节曲柄 20、36. 调节螺母 21. 球节
22. 摆针大连杆 23. 摆针中曲柄 24. 摆针上轴 25. 摆针前曲柄 26. 摆针架凸块
27. 摆针后曲柄 28. 摆针弯连杆 29. 摆针下曲柄 30. 摆针下轴 31. 拨杆
32、37. 连杆 33. 轴承座 35. 跨针调节曲柄 38. 纽夹座 39. 纽夹 40. 链条
41. 抬压脚杠杆 42. 拉杆 43. 摆杆 44. 抬压脚轴 45. 吊钩曲柄 46. 吊钩
47. 割线刀轴 48. 割线刀 49. 纽夹开启碰块

杆蜗轮-连杆组合机构。主轴上蜗杆 1 带动蜗轮 2，蜗轮端面内的槽道
凸轮驱动摆针主曲柄 4，绕摆针主轴 5 摆动，摆针调节曲柄 6 随之摆
动，再通过摆针大连杆 7、摆针中曲柄 8，从而通过摆针上轴 9、摆针曲柄
10 使针杆摆动。

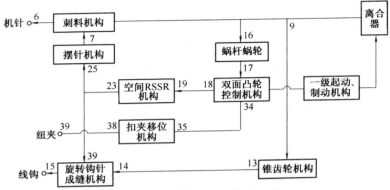

图 2-2　GJ4-2 型钉扣机传动路线

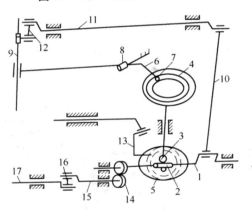

图 2-3　GJ1-2 型钉扣机针杆机构

1. 主轴　2. 蜗杆　3. 蜗轮　4. 摆针凸轮　5. 凸轮　6. 杠杆
7. 滚子　8. 支点　9. 针杆　10、12、16. 连杆　11. 挑针轴
13. 杠杆　14. 齿轮　15. 曲柄轴　17. 摆轴

(2)钩针机构　图 2-3 中所示的 GJ1-2 型钉扣机线钩的转动是由主轴 1 经一对直齿轮 14、曲柄轴 15，再经双曲柄机构,使线钩轴获得非匀速的旋转。

图 2-4 中所示的 GJ4-2 型钉扣机钩针 9 的转动是由主轴经两对锥齿轮带动钩针轴 12 获得的。

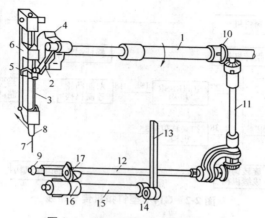

图 2-4　GJ4-2 型钉扣机针杆机构

1. 主轴　2. 针杆曲柄　3. 连杆　4. 针杆　5. 针杆夹　6. 针杆摆架
7. 针　8. 紧定螺钉　9. 钩针　10. 锥齿轮　11. 立轴　12、15. 钩针轴
13. 杠杆　14、16. 摇杆　17. 送布装置

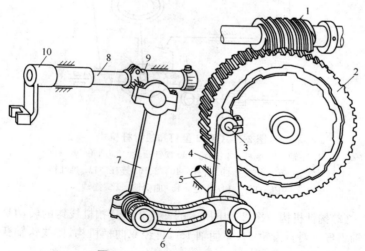

图 2-5　GJ4-2 型钉扣机针摆机构

1. 蜗杆　2. 蜗轮　3. 滚子　4. 主曲柄　5. 摆针主轴
6. 调节曲柄　7. 大连杆　8. 中曲柄　9. 上轴　10. 摆针曲柄

(3)扣夹移位机构　若缝钉两孔纽扣,只需机针横向摆针即能完成。若缝钉四孔纽扣,就不但需要横向摆针,而且纵向也需要移动一定距离,这就要靠扣夹移位机构或称送布机构来完成。

国产 GJ1-2 型钉扣机扣夹的移位,是由拖布凸轮 5 的槽道直接推动扣夹移位杠杆 13 完成的,如图 2-3 所示。

GJ4-2 型钉扣机扣夹移位机构如图 2-6 所示,扣夹是由蜗轮 1 的另一端面槽道凸轮(拖布凸轮)经跨针曲柄 2、跨针调节曲柄 5(绕曲柄销 4摆动)及扣夹连杆 7,使扣夹 8 完成移位动作。

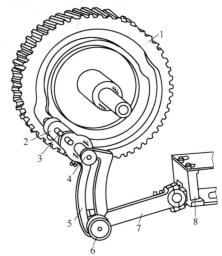

图 2-6　GJ4-2 型钉扣机扣夹移位机构

1. 蜗轮　2、5. 曲柄　3. 滚子轴　4. 销　6. 调节螺钉　7. 连杆　8. 扣夹

(4)扣夹机构　扣夹机构也称纽夹机构。GJ4-2 型钉扣机扣夹机构如图 2-7 所示。

①扣夹机构的扣夹钳口由三个夹脚组成,它们的张开和收拢是同步的,夹持的大、中、小纽扣都处在同一个中心位置上。夹脚钳口张开尺寸,根据所夹持纽扣的直径而定,钳口中无纽扣时,其张开尺寸略有收拢。如需调节钳口大小,可先松开滚花螺钉 3,推动扣夹调节扳手 1至合适的钳口宽度,然后旋紧滚花螺钉 3。

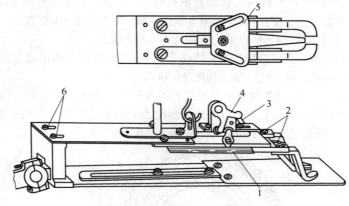

图 2-7　GJ4-2 型钉扣机扣夹机构
1. 调节扳手　2、6. 螺钉　3. 滚花螺钉　4. 扳手　5. 扣夹

②为了放置纽扣方便,左右夹脚不宜装得太长,夹持触点稍过纽扣中心线即可。

调整左右夹脚时,旋松螺钉 2,将夹脚调至所需长度,若在一件衣服上钉直径不同的纽扣时,应使钳口先适应小纽扣,并把扣夹上方机身上的挡块降低,使压脚升至最高点,当扣夹扳手 4 碰到挡块,钳口就会扩大,以便放置大纽扣。放置小纽扣时,压脚也要开足,然后回落少许,脱开挡块,再放置纽扣。如果钉同一直径纽扣,则不必开启扣夹使扳手碰挡块。

同时钉两种规格的纽扣时,要求两种纽扣的孔距相接近,调节时一般按小的纽扣对中,大的纽扣则稍偏。如果扣夹位置不正,机针不能对准纽孔时,则要调整扣夹,即旋松其尾部的两个螺钉 6 即可移动扣夹,注意使机针对准孔中间位置,以防孔偏、跳针和断针。扣夹三爪必须同时压布,以免发生跳针。

(5)夹线过线装置　单线链式线迹钉扣机,一般没有停机紧线装置和机动松线夹线器。两者的时间性要求很强。

如图 2-8 所示为 GJ1-2 型钉扣机夹线过线装置。主轴上装有一个机动松线偏心,每转一周就有一次松线动作,偏心转到偏度最大点时,通过松线顶杆顶动夹线器上的松线板即可松线。松线的时机要兼顾两

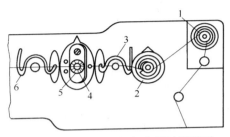

图 2-8　GJ1-2 型钉扣机夹线过线装置
1、2. 夹线器　3、6. 拉线钩　4. 按帽　5. 压板

个方面:一是停机以后应当松线;二是钩子勒线动作完成,针杆开始挑线时应当松线。这样,线的紧度仅决定于夹线器 2。

停机紧线压板 5 下面是受紧线杠杆控制的紧线顶杆。紧线杠杆的动作是由针杆摆动凸轮上的紧线顶尖顶动的,紧线杠杆上也有一个顶尖,当两个顶尖对顶时就有了紧线动作。紧线杠杆上的顶尖是可调的,应当将它调整为在停机以后正好与其下面的顶尖处于对顶的位置。如果在这个位置,线仍压得不够紧,应仔细地调整紧线压板与紧线顶杆的接触面,使之全面接触。在接触良好但压力不足时,应适当调整紧线顶杆上的弹簧,以加大压力。

件 4 是手动松线按帽,当穿线或工作过程中需要拉线时,用它来克服紧线装置的压力。在机器停止以后,当抬扣夹时,拉线钩 6、3 同时动作:拉线钩 6 使缝线在紧线板前面的阻力加大,减少把线拉出紧线装置而钩子上的线环断不开的机会,同时加大停机断线的拉力,并把拉断的线拉出扣眼;拉线钩 3 使缝线被拉长一定长度,以补充钩子线环在停机断线后的不足。两个拉线钩的位置都可调,停机后两者越靠近,拉扣夹时拉出的线越长;反之,拉出的线越短。拉线的长短应适当,过长影响产品的美观,过短会给下一个扣子的缀钉造成麻烦。

GJ4-2 型钉扣机夹线过线装置如图 2-9 所示。该机顶部有三个压线器。压线器 1 在缝纫时必须顶开,缝隙要足够大,使缝纫线的阻力较小。尤其缝第一针时,阻力稍大就会造成空针。停机后当压脚开始提升时,应立即关闭,以防止机针内的线头往回拖。压线器 2 的作用则相反,在缝纫中起压线作用,而在停机后提升压脚之初,要先顶开,让输线杆 4 从线团抽线,以备下一次开缝时用。压线器 3 在针杆上升接近最高点时应顶开,其作用是线环收上之前压紧线迹,防止线团线流动;至收线完,线结收上,而针杆继续上升,便顶开压线器 3 放出线团的线,

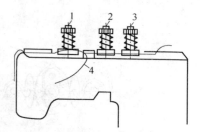

图 2-9　GJ4-2 型钉扣机夹线过线装置
1、2、3. 压线器　4. 输线杆

补充消耗在缝料中的线。顶开压线器 3 的时机应由原料、纽扣的厚度和线迹宽度等因素来决定。耗线多要早顶开;耗线少要晚顶开,控制耗线量是由主轴上的偏心量决定的。

(6)抬压脚和自动割线机构　抬压脚和自动割线机构如图 2-10 所示。当蜗轮转动一周后,主轴自动停转,在针杆升到最高点时,踩下左踏板,通过链条使抬压脚杠杆 1 运动提起压脚,同时割线刀轴 4 及其杠杆 3 亦被抬压脚杠杆推动,割线刀 2 随轴摆到过针板下面,割断钩针内侧一根线,刀架退回,钩针不能旋转。

压脚提升是由抬压脚杠杆转动,经抬压脚杠杆 6 带动抬压脚轴 8 转动,使扣夹吊钩 5 向上提升压脚。压脚提升前必须先把线割断。

压脚滞后于割刀的时间,与吊钩空隙大小有关,可以转动吊钩上方的吊钩曲柄 7 进行调节。

(7)起动、停车和安全爪机构　钉扣机在钉好一个纽扣之后,起动和制动机构会完成自动停机,且使机针位于最上方。

①GJ1-2 型钉扣机的起动和制动机构比较简单。当起动脚踏被踩下时,制动轴上的开关拨头转动,使制动轴也转动。开关拨板的斜面使带轮向里移动,将连接在主轴上的制动撞头带动,机器运转。当机器运转到 19 针时,蜗轮下部停车拨销撞动停车拨动板,使停车制动方头螺钉脱开制动轴上的槽钩。停车轴扭簧将制动轴恢复至开机前的位置,带轮向外移动,脱开制动撞头,主轴停止运转,针杆位置由缓冲橡胶柱控制。

②GJ4-2 型钉扣机主轴采用摩擦离合器方式传动,如图 2-10 所示。

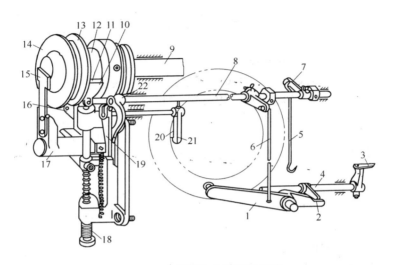

图 2-10　抬压脚和自动割线机构

1. 抬压脚杠杆　2. 割线刀　3、6. 杠杆　4. 割线刀轴　5、19. 吊钩　7. 吊钩曲柄
8. 抬压脚轴　9. 主轴　10. 托架　11. 制动橡胶块　12. 制动轮　13. 摩擦轮　14. 带轮
15. 起动板　16. 扳手　17. 起动架　18. 调节螺钉　20. 顶块　21. 顶杆　22. 安全爪

脚踏板、链条将起动扳手拉下，由起动板 15 的斜面驱动带轮 14、啮合摩擦轮 13，使主轴 9 转动。由于起动架 17 已被起动吊钩勾住，不踩踏板也可继续工作。直至蜗轮侧面停车顶块 20 推开停车顶杆 21，使起动吊钩脱开，摩擦轮分离，带轮恢复空转。同时制动橡胶块的托架 10 向上，使制动橡胶块 11 顶住制动轮 12，使主轴转速降低，靠惯性走完第 20 针，制动闩进入制动轮的缺口而定位。旋动调节螺钉 18，可调节制动橡胶块的摩擦压力。

　　如图 2-10 所示，在抬压脚轴 8 尾部装了一个起动安全爪 22，随抬压脚动作而动作。当抬起压脚时，安全爪往里伸入，阻碍起动架 17 的起动，只有压脚落下后，安全爪退出，才能踏动起动踏板。这样，起动安全爪就起了起动和抬压脚运转的互锁作用，防止操作上的失误而引起割刀、机针、钩针等破损。

第二节　GJ 型钉扣机的使用

一、机针安装和穿线

(1)机针的选择　国产 GJ1-2 型钉扣机一般选用 566 型机针,该型号机针从针柄至针眼下边与 96 型机针相比约长 4mm,且针柄粗而短,线槽长,这是由于穿过纽扣缝料较厚决定的,机针号数常用 $14^{\#} \sim 20^{\#}$。号数越大针越粗。GJ4-2 型钉扣机则采用 GJ4 型针,针号为 $16^{\#} \sim 20^{\#}$。日本进口钉扣机则多采用 TQ-7 型机针或 DP 型机针。

(2)机针的安装　钉扣机针杆都用螺钉紧固机针。装针时,松开紧固螺钉,把机针尾端插入针杆的装针孔内,且插至孔底,并使针的长槽相对操作者,然后旋紧螺钉。

(3)钉扣机穿线　GJ1-2 型钉扣机穿线参看图 2-8。先松开紧线压板上的螺钉,取与针号相适宜的线(能在针孔中自由通过),将线头自线团上抽出,自右向左穿过两根穿线棒上的圆孔,引至右端夹线器左侧。围绕在两夹线板之间,穿过另一穿线棒。经过拉线钩的中间,再穿过紧线压板。又经过穿线棒的右边,再穿过三根穿线棒向下折转至机身前边。自左向右,经过盖板下方的导线轮,再回向上面。又自左向右经过取线导轮,仍折向下方穿入针孔内。

缝线的松紧可旋动夹线器上的调节螺母。向右旋转螺母,增加线的紧度,反之则减少线的紧度。

(4)GJ4-2 型钉扣机的穿线　将线团的线抽出,挂入线夹的线钩内,穿过单穿线板,引至第 1 夹线器的夹线板中间,从其左边穿入第 2 夹线器的夹线板中间,再从该夹线器引至输线钩中,经穿线板、面板穿线,再穿入针杆上的穿线孔,经面板线钩至机针孔内,并拉出一定的余线。

二、操作要点

在使用钉扣机之前,先要检查其各部位的紧固零件有无松动,再将机器工作面用布擦净。空车运转,看其运转是否正常。然后装针、穿线。

(1)钉两眼扣的操作要点

①将拖步架销轴插入压脚联板上边的孔与机头上的拖步架铰接。

②根据纽扣大小和纽孔间距,将扣子夹脚的开距、扣子夹脚前后移距,以及针杆的摆动距离调整适当,令扣夹前后移动量为0。调整时,应把连接点移到扣夹移位螺母的圆心与移位连杆立柱圆心重合的位置。

③踏动左脚踏板,抬起扣夹装置,将服装需钉扣处放入扣夹下。把纽扣装入扣夹内,使其两眼呈水平方向,与机架平行后放松踏板。再踩下右脚踏板,随即放松,机器即起动。钉完一扣后机器自动停。然后检查扣子钉在服装上的线组分布是否均匀,背面不抽线、断线为宜。再抬起扣夹,放入第二颗纽扣,继续缝钉。

(2)钉四眼扣的操作要点

①将拖步架销轴插入压脚联板下边的孔和拖步架的孔中,使压脚联板与拖步架铰接。

②推动横板扣子夹脚的左、右两爪,向左、右分开,将欲使用的扣水平放置夹脚中间。松开螺钉,移动调节联板,使之恰与螺钉接触,然后拧紧螺钉。

③按四扣眼横、纵向孔距调整扣子夹脚前后移距以及针杆摆动距离。先把纽扣装入扣夹内,松开扣子夹脚固定螺钉,使纽扣左后方的扣眼中心对准针尖中心,拧紧固定螺钉。松开摆针调位螺母,并向针杆方向前后移动,使针杆摆动距离与横向纽孔距离相等。再调整扣夹后面的扣夹移位调整螺母,使扣夹移动量与纵向纽孔距离相符。

④踏动左脚踏板,抬起扣夹装置,将服装需钉扣处放入扣夹下。把纽扣装入扣夹内,纽扣四眼与机架平行后放松踏板。再踩右脚踏板并放松,机器起动。钉完一扣机器自动停。检查纽扣钉在服装上的线组分布。背面不抽线、断线为宜。再抬起扣夹,移动缝料,放入第二颗扣,继续缝钉。

GJ4-2钉扣机钉四扣眼的操作方法与上述基本相同。机针对准纽扣四眼,横向孔距由摆针调节曲柄控制,将连杆向外可增大摆针距,向里则减小摆针距;纵向孔距由跨针曲柄调节,连杆向下移,跨针距大,向上移,跨针距小。在调整时,可参考摆针标尺和跨距指针所标的尺寸。

(3)钉扣时操作者的姿势　　钉扣时操作者的姿势对生产效率、质量都有影响。操作时,一要正面坐定、身体中心与针杆要一致;二要选择合适的椅子高度。

(4)钉扣的操作顺序

①抬起扣夹。将纽扣放在缝料的钉扣处,放下扣夹,压住缝料。

②起动机器。机针和线钩配合成圈,进行钉扣。

③机器运转至 19 针时,制动装置开始工作,车速降慢。

④至第 20 针时,制动闩进入缺口,在规定的位置停机。

⑤抬起扣夹,割切刀动作,取出钉好的纽扣及缝料,完成了一个钉扣工作,并为下一个钉扣工作做好准备。

三、主要机件的调整标准

1. 针杆高度及机针与线钩的配合位置

(1)GJ1-2 型钉扣机的调整标准

①针杆高度标准。当针杆上升至最高点时,机针针孔上缘距针板顶面约 27mm。调整时,可旋松针杆联接轴上的螺钉,将针杆向上或向下移动,然后拧紧螺钉。

②以针板孔为基准,对正针杆摆动中心。针穿过针板孔,应与孔的左、右两侧间隙相等。调整时,先拆卸齿纹板、针板和线钩;取一根圆棒,其直径与线钩尾柄直径等同,装在线钩轴上;再旋松摆针杠杆上的螺钉,使针杆摆动,恰好使机针与线钩位置上的圆杆两侧相接触,然后拧紧螺钉。

③机针与线钩的配合位置标准。当机针从最低位置升至线钩尖对准针的中心线时,钩尖的底边应恰好与机针孔上缘相齐。调整时,先旋松线钩轴曲柄上的螺钉,转动线钩轴,使线钩尖对准针的中心,钩尖底边恰好与针孔的顶边相齐。此时针杆向下方刺下,由最低位置转向上升。校正适当后,把曲柄上的紧固螺钉拧紧。其原理是通过线钩运转时间来调整。

线钩尖与机针的间隙为 0.05~0.2mm,可通过线钩前后移位来调整。

④推线装置调整标准。推线装置的正确运动时间是针杆由最低位置升至 20~21mm 时,它向右(向后)转动。调整时,先旋松线钩轴曲柄上的紧固螺钉,转动曲柄至适当位置后,拧紧螺钉。

推线叉架的片钩内侧与机针接近,起导针作用,制线叉的内侧与机针相距约0.8mm。调整时,放松推线叉轴套筒上的紧固螺钉,移动套筒轴承,使片钩内侧与机针恰好接近,然后拧紧螺钉;调整制线叉是将针杆转动至左方刺下位置,旋松摆杆上的紧固螺钉,转动推线叉架,使制线叉内侧与针距离符合0.8mm,然后拧紧螺钉。

(2)GJ4-2型钉扣机的调整标准

①针杆高度标准。当针杆升至最高点时,机针孔上缘距针板顶面约32mm。

②机针与线钩的配合位置如图2-11所示。机针应对准线钩轴的中心,机针从最低点上升3~3.5mm时,线钩钩尖正好到达机针中心线,并在针孔上缘以上1~1.3mm。

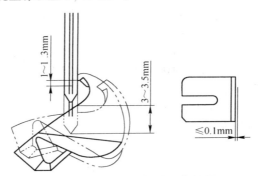

图2-11　机针与线钩的配合位置

③间隙。线钩头部与机针之间的间隙及机针对挡块的间隙应尽可能小(≤0.1mm),以不擦碰为宜。机针左右摆动时,机针对挡块的间隙要一致。

机针的槽子要对正,但有时为了适应扭曲度大的线,也可以背面短槽向线钩尖进入方向微偏,即长槽向左,但决不能偏向相反方向。

2.过线夹线装置的调整标准

(1)GJ1-2型钉扣机的调整标准　当机器在制动位置时,压线板应将缝线压紧。

当针杆上升距最高位置6~10mm时,机动松线夹紧器应将线松开。调整时,先将支线凸轮上的两只螺钉松开,转动支线凸轮至适当位置,并靠近机壳主动轴轴承的端面,再拧紧螺钉。

在未穿线时,支线杆上端与夹线盘之间应有 0.3~0.4mm 的间隙。当扣子夹脚提升至最高位置时,推线杆应向后回转,并距挡线棒约 12mm。

(2)GJ4-2 型钉扣机的调整标准　当针杆上升到距最高位置 2~3mm 时,第一夹线器应被顶开放线。调节可通过主轴上的松线凸轮移位来进行,耗线多应早顶开;耗线少,宜晚顶开。

输线杆摆动距离依缝料而定。耗线多摆动距离应大。

3. 制动装置的调整标准

(1)GJ1-2 型钉扣机的调整标准　制动时间标准为每钉完一扣后,机器自行停车,针杆则升至最高位置,并停止下落。调整时,先松开停车拨动板的螺钉,向左移拨板,可提前制动时间;向右移,则延迟制动时间。调整适当后,再拧紧螺钉。

带轮开关拨板应尽量接近小轮的 V 形槽,但不要直接接触。

(2)GJ4-2 型钉扣机的调整标准　机器运转到第 19 针末时,蜗轮侧面的停车顶块推开停车顶杆,使起动吊钩脱开,摩擦轮分离。滚珠与带轮的起动压板间隙标准为 0.2~0.3mm。

机器完全制动时,针杆在最高点不下落;制动闩进入缺口,冲击声较小。

4. 纽夹和扣孔位置的调整

机针上下运动时,必须对准纽扣的各个扣眼孔。在正式缝钉前必须用手扳动带轮,使机针上下左右运动,看其能否对准纽扣的各个扣眼孔。

①一般调整应看纽夹位置是否正确,如果纽夹位置偏离很大,机针和扣眼孔难以对准。调整的方法是先在纽夹内夹上一颗纽扣,并使机针下降,看机针尖与纽扣的第一排扣眼孔相距多少。如偏差在 3mm 以上,则应旋松纽夹支片后边的两个紧固螺钉,对纽夹支片做调整,直到机针与纽扣扣眼孔的纵向偏差减少到 3mm 以内。左右夹脚的长短也可以调整,旋松两夹脚后的紧固螺钉,可前后伸缩夹脚,从而调整机针与扣眼的纵向偏差。

②横向孔距由摆针调节曲柄控制。旋松摆针大连杆紧固螺钉,使

连杆向操作者方向滑动,即增大摆针距,连杆远离操作者则减小摆针距。如图 2-12 所示,纵向孔距的调整由跨针曲柄控制,旋松纽夹连杆上螺母,使连杆下移,跨针距即加大;反之则减小。连杆在最高点时,跨针距为 0,这时可以缝钉两眼纽扣。

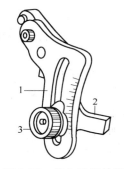

图 2-12　纵向孔距的调整
1. 跨针曲柄　2. 纽夹连杆
3. 手动螺母

　③根据所缝钉纽扣的大小,在不夹纽扣时,两夹脚的张开角度(或称钳口)应适当。张开角度比夹纽扣时小些,做到既能将纽扣夹稳,操作(塞扣)又要省力。如果钳口过小,不但不利于塞扣,而且夹脚易磨损。钳口大小的调整如图 2-13 所示,调整时可将纽夹调节座螺钉旋松,前后移动纽夹调节座,直到钳口符合要求,再把螺钉拧紧。

　④纽夹开启碰块的调整如图 2-14 所示。若在同一件衣服上缝钉大小相差较多的两种纽扣时,应使钳口适合夹小纽扣,并把纽夹开启碰块降低,这样,在钉大纽扣时,只要进一步下踩左踏板,夹脚即可再上升一段距离,使开启碰块压动纽夹开启柄的时间加长,开启柄转动角度增大,纽夹导轨片移动距离增大,从而钳口扩大,大的纽扣便可塞入。如果缝钉带柄纽扣,则需换上相应的纽夹。

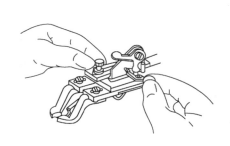

图 2-13　钳口大小的调整　　　　**图 2-14　纽夹开启碰块的调整**

第三节　钉扣机的保养

一、日常保养

日常保养主要有两项内容:对机器各润滑部位加油和擦拭机器表面灰尘和油污。

为使钉扣机保持正常运转,各机件在运转中得到充分的润滑,每天应在使用前向各润滑部位加注一滴或两滴普通缝纫机油(L-AN7 高速机械油)。

(1)针杆部分　松开机头前面盖板上的两个固定螺钉,取下盖板,对针杆套筒、针杆连杆连接处加油。

(2)机头右侧　松开机头右侧盖板上的两个螺母,取下盖板,依次在下列各处加油:

①摆针粗杆和调节滑板上的套筒和轴的接触处;

②摆针凸轮的曲线槽及滚子;

③松线挂架及心轴;

④摆针凸轮轴芯油槽;

⑤支线芯头及支线凸轮;

⑥拖步连杆滑槽;

⑦压脚弹簧套管与机头接触面;

⑧扣夹座联板及轴;

⑨摆针杠杆套筒及轴;

⑩机壳中的各油孔。

加完油,装好盖板,拧紧螺母。

(3)机头底部　松开机头底部右侧面上的锁紧螺母,将机头向左翻转,在下列各处加油:

①推线钩轴摆针及推线叉凸轮;

②机壳中前端铰链轴及机底盘凹槽;

③线钩轴曲柄连杆;

④拖步连杆及拖步凸轮曲线槽;

⑤开车杠杆轴套;

⑥机壳后端铰链圆柱及底盘凹槽接触面；

⑦制动架；

⑧线钩传动齿轮副；

⑨蜗杆蜗轮副。

加完油．将机身向右翻恢复原位，拧紧螺母。再擦拭机器表面灰尘及油污，一般用细软棉布和碎布。

二、一级保养

钉扣机每运转一个月需进行一次一级保养，一级保养内容及要求见表 2-1。首先切断电源，然后进行工作，清扫采用毛刷进行。

表 2-1　一级保养内容及要求

序号	保养部位	保养内容及要求
1	外部	清扫机体各部，做到外观清洁，无积尘、布灰油污；检查夹线、过线装置、清理线絮头
2	内部	清扫机体内部积尘；检查各油路、油孔，按规定标准加油；检查刹车装置灵敏度，清扫油盘积油
3	电器	清扫电动机积尘，检查开关灵敏度，要求电器装置固定整齐，如发现问题请电工及时修理

三、二级保养

钉扣机二级保养由机修保全工负责，主要内容是拆卸、清洗机器，检查机件磨损程度，更换过度磨损机件，调整各部位间隙。

钉扣机二级保养除包括一级保养内容外，还要完成二级保养内容及要求，详见表 2-2。

(1)拆卸机器　钉扣机拆卸顺序是先拆面板、针杆装置、扣夹装置，然后再拆送料、摆针、线钩、制动和夹线过线各部件。以 GJ1-2 型钉扣机为例予以说明。

①针杆装置。松开机头前盖板上的紧固螺钉，取下盖板，卸下针杆连接轴的螺钉，卸下针杆、针杆上套。松开机身盖板上的螺母，取下盖板，松开挑针轴后杠杆螺钉，卸下挑针轴，并将其上的针杆边杆及轴、挑针轴前杠杆拆除。松开挑针连杆上螺钉，拆下挑针连杆。

表 2-2　二级保养内容及要求

序号	保养部位	保 养 内 容 及 要 求
1	运转部分	清洗、检查轴和轴套磨损情况,对针杆、针杆拉手、拉杆螺钉、凸轮滚柱、压脚大滚珠、大小接头进行检查、修复或换零件
2	齿轮部分	清洗、检查直齿轮、锥齿轮、蜗轮、蜗杆的磨损情况,进行修理或更换
3	针杆与扣夹	拆卸、检查针杆和针杆壳,检查扣夹架和三角导板的磨损程度,进行修复或换件
4	制动与线钩	检查线钩、推线叉、挡板磨损情况,拆卸分解制动轮、制动杆、制动盘、离合胶碗、胶块,进行修复或换件
5	电　器	检查电动机声响、温升、轴承加油离合器(宝塔盘)(进口电动机按规定标准加油)

　　②扣夹压料装置。松开压脚调节螺钉,拆下脚上弹簧库,取出压脚弹簧,松开压脚调节紧圈上的螺钉,取出压脚弹簧套管和调节紧圈。松开压脚联板上的螺钉,分离压脚联板和抬压脚连杆。松开扣夹座定位板上的螺钉,取下该定位板,松开压脚联板上的六角螺钉,取下压脚。抽出拖步架销轴,取下压脚联板。松开中壳座盖的螺钉,取下该座盖。

　　③送料机构。拆卸拖步架手柄,旋下其调节螺母。松开拖步架左、右压板上的螺钉,卸下左、右压板、拖布架、齿纹板、拖步连杆滑块及其轴。松开拖步下连杆的螺钉,冲下销钉,卸下拖步下连杆、拖步连杆。松开拖布凸轮上的螺钉,卸下该凸轮。

　　④摆针机构。松开摆针调节螺母、摆针杠杆方套轴,卸下摆针杠杆、摆针调节连杆、摆针杠杆调节滑板。冲下摆针凸轮上的销子,卸下凸轮轴、蜗杆、摆针凸轮。

　　⑤线钩机构。松开推线钩轴摆杆上螺钉,卸下推线叉架、推线叉、推线叉轴、推线叉架扭簧。松开线钩轴上的螺钉,卸下线钩,松开推线叉凸轮和线钩轴曲柄上的螺钉,卸下线钩轴、推线叉凸轮、线钩轴曲柄、线钩轴曲柄连杆、曲柄连杆轴。松开齿轮轴曲柄上的螺钉,取出该曲柄。松开蜗杆、大连杆偏心轮、支线凸轮上的螺钉,再冲下大连杆偏心轮、齿轮上的销钉,卸下主轴、齿轮、蜗杆、大连杆偏心轮、支线凸轮和带轮。

⑥制动装置。松开停车拨动板上的螺钉,取下该板,松开停车拨动板架上的固定螺母、螺钉,卸下该板架。松开开、停车扭簧调节盘上的螺钉和开车拨头上的螺钉,冲下销钉,卸下开关轴、开停车扭簧、开车拨头、停车拨头、开关拨板。

⑦夹线过线装置。松开挡线杆座上的螺钉,取下挡线杆。松开抬压脚轴前扎头上的螺钉,取下该扎头。松开抬压脚连杆上的螺钉,卸下抬压脚轴及其紧圈。松开压线托板上的螺钉,取下托板。松开支线杆松线紧圈上的螺钉,卸下支线杆、松线紧圈、支线杆弹簧和压线托板顶块。松开松线挂架螺钉,取下该挂架;拆卸夹线器,放松支线杆上的螺母,卸下支线杆及其压弹簧。

(2)清洗各零件,检查磨损情况 用煤油清洗各部零件,然后用干软布擦净。按拆卸的相反顺序进行组装。检查各部件磨损情况,更换磨损过度的零件,调整各部位间隙。

①运转部位。检查各轴与套的磨损情况,如磨损较严重,更换轴套。检查针杆、针杆拉手、拉杆螺钉、凸轮滚柱、压脚大滚珠、大小接头,如有问题,应修复或更换零件。

②齿轮副。检查蜗轮、蜗杆磨损,两者松动量≤0.8mm;检查直齿轮、锥齿轮情况,磨损严重时应修复或更新。

③针杆和扣夹。检查针杆与扣夹部分零件的磨损。测量套筒处,针杆与套筒间隙＞0.1mm;用千分表测针杆端面处,针杆上、下松动＞0.3mm;针杆架松动≤0.4mm;扣夹左、右和前、后松动≤0.6mm。如超出以上指标,应修复或更换零件。

④制动与线钩。检查制动轮、制动杆、制动盘、停车顶块、离合胶碗,如磨损严重,应修复或换件;检查线钩、推线叉、挡板的磨损。线钩顺、逆摆动间隙＞0.8mm,如超过,应修复或更换件。

⑤电动机。检查电动机声响、温升,对电动机轴承加油。

最后再检查一下各部件安装是否正确,各紧固螺钉有无松动,各定位定时是否符合标准,有无缺件。对机器各加油部位加油。用细软布擦净机器工作面,进行试车。

四、钉扣机完好标准

钉扣机在使用过程中,应符合其完好标准。该标准可供日常保养、一级保养时作为检验的参考,钉扣机完好标准各项指标见表 2-3。

表 2-3　钉扣机完好标准

项次	检查项目	允许限度 /mm ≤	检查方法
1	针杆与针杆套筒间隙	0.10	机针最低位置测下套筒处
2	针杆上下松动	0.30	千分表测针杆端面处
3	针杆架松动	0.40	千分表或手感
4	扣夹左右松动	0.60	千分表测扣夹
5	扣夹前后松动	0.60	千分表测扣夹
6	线钩顺逆摆动	0.80	千分表测钩尖
7	蜗轮与蜗杆松动	0.80	手感或千分表
8	制动后移位	不允许	目测
9	各紧固螺钉松动和机件缺损	不允许	手感、目测
10	各部件异响、异震、发热	不允许	手感、目测、耳听
11	安全和防油装置不完整	不允许	目测
12	附件缺损	不允许	目测

注:其中一项不合格,为不完好机器。

第四节　钉扣机的故障与维修

钉扣机的故障比其他缝纫机械要少一些,而且出现故障后,较易查找原因。常见故障类型、产生原因和维修方法如下。

一、断线

断线是钉扣机最常见的故障之一,其产生原因及维修方法见表 2-4。

表 2-4　断线产生原因及维修方法

产生原因	维修方法
线过紧	将夹线器压力调小
挑线量不足	调节线量调节钩(输线杆、挡线杆),加大挑线量

续表 2-4

产　生　原　因	维　修　方　法
线钩表面不光滑	用细砂皮磨光或更换新线钩
机动松线夹线器松线时机不对	按标准调整机动松线夹线器松线时机
缝线质量不好,无拉力	更换缝线
机针孔或针槽不光滑	更换新机针
纽扣眼小而机针太粗	更换细针
机针在针板眼中位置不当	按标准调整针杆摆动中心,应与针板孔左右两侧空隙相等
机针没有落在纽扣孔中心	调整扣夹安装架
扣夹移位尺寸不当	按标准调整移位尺寸
针杆摆动宽度不当	按标准调整针杆摆动宽度
扣夹夹扣不牢	重新调整扣夹开距
钩子加速时机过晚	按标准调节线钩主轴与被动轴的曲柄运转时间
推线叉弯曲变形,线钩与推线叉碰磨,使缝线被轧断	修复推线叉,或更换
推线叉终点位置过左	按标准重新调整

二、断针

断针多数是由于位置不当造成的。其产生原因及维修方法见表 2-5。

表 2-5　断针产生原因及维修方法

产　生　原　因	维　修　方　法
扣眼的距离宽窄不一、大小不等,四眼扣眼位置不对称	更换标准纽扣
机针与扣眼不对位	按标准重新调整
扣夹移动位置不对	按标准重新调整
针杆摆动宽度不符实际需要	按标准重新调整
线钩位置不正确	重新调整线钩位置

续表 2-5

产　生　原　因	维　修　方　法
机针挡块碰针	重新调整间隙
针杆弯曲或插针孔斜	修复针杆或更换新针杆
方孔板错位，机针擦着方孔	按标准调整方孔板位置
蜗杆定位走动，当机针未刺入纽孔前，必须停止横向及纵向运动	将蜗杆重新定位，可更换销钉
扣夹子夹扣不牢	重新调整扣夹开距
推线叉轴摆动时机和前后位置不对	将转动曲柄调到适当位置（针杆由最低位置上升移动 20～21mm 时，推线装置向后转动）
拨线三角凸轮开始工作过快	按标准重新调整

三、跳针

跳针可以从钩线原理方面查找原因，其产生原因及维修方法见表 2-6。

表 2-6　跳针产生原因及维修方法

产　生　原　因	维　修　方　法
针杆高度不正确	按标准重新调整
勾线时机过早，针在右边跳针	调整勾线时机，使线钩在机针抛出线环后勾线
线勾时机过晚或线钩加速时间过晚，机针在左边跳针	按标准重新调整
机针对线钩或对挡块间隙大	调整线钩尖尽量靠近机针，但不要相碰为宜
夹扣位置不正确，机针对纽孔偏	重新调整扣夹位置
机针弯曲，偏转或针柄未插到底	更换新机针，重新安装机针
线钩轴前后松动	调整线钩轴间隙
扣夹压力小，布随针上下浮动	加大扣夹压力
线钩损坏	更换新线钩

续表 2-6

产　生　原　因	维　修　方　法
推线叉动作时机不正确	按标准重新调整
针碰方孔板	按标准修整
零件严重磨损,勾线部分零件松动	修复针杆或更换新针杆

四、线迹太松和空针

线迹太松和空针产生原因及维修方法见表 2-7。

表 2-7　线迹太松和空针产生原因及维修方法

故障	产　生　原　因	维　修　方　法
线迹太松	夹线器压力大小	调整夹线器压力,使缝线有足够的张力
	机动夹线器开放时间早	按标准重新调整
	压脚底板厚	按标准修换
空针	针杆位置不对	按标准重新调整
	机针装偏	重新安装机针
	线钩离机针距离太远	调整线钩与机针距离,使线钩尖尽量靠近机针
	线钩勾线时机不对	按标准重新调整
	线钩损坏	更换新线钩
	线头短	增大输线量

五、制动不良

制动不良产生原因及维修方法见表 2-8。

表 2-8　制动不良产生原因及维修方法

产　生　原　因	维　修　方　法
制动时间提前或延迟	按标准重新调整停车顶杆或停车拨板
停、动拨板固定螺钉松动(GJ1-2 型钉扣机)	旋紧固定螺钉,并按标准定位
制动轴扭力弹簧压力较小(GJ1-2 型钉扣机)	旋松紧定螺栓,转动紧圈,使扭簧增加压力

续表 2-8

产　生　原　因	维　修　方　法
开关拨板位置不对(GJ1-2 型钉扣机)	将螺钉旋松,移动拨板到接近小轮的 V 形槽,但不要与 V 形槽接触,再将紧固螺钉旋紧
制动杆动作迟缓(GJ4-2 型钉扣机)	对制动杆与制动架配合处加油
制动橡胶块沾油过多,制动阻力降低(GJ4-2 型钉扣机)	把油擦干(严重时要用汽油洗净揩干)
制动片磨损	修复或更新
制动轮的定位凹口两角磨损或缺损	用乙炔焊在制动轮凹口上补上缺角,且稍高些,再经锉加工,修复到原状,或更换制动轮

六、其他故障

钉扣机其他故障类型、产生原因及维修方法见表 2-9。

表 2-9　其他故障产生原因及维修方法

故　障	产　生　原　因	维　修　方　法
机器不转	带太松,无摩擦力	收紧带
	开车拨头松动	紧固开车拨头上的螺钉
	起动板定位螺钉松	旋紧定位螺钉
缝一二针后机器就停	脚踏板没有踩到底	将脚踏板踩到底
	弹簧钩装得太高与起动吊钩距离过大	按标准调整间隙
制动后断线	扣夹装置提升高度不够	提高扣夹装置的高度
	压线板压力不够	调整压线板压力
	带割刀机器割线时间不符合	按标准重新调整
线缚住线钩	推线叉推不到线,使缝线缚住线钩(GJ1-2 型钉扣机)	调整推线叉位置,使推线叉在针杆由最低位置向上移动 20～21mm 时向右转动
	针尖有毛刺,重针时刺破线而缚住线钩	更换新机针

第三章 重机 MB 系列钉扣机

第一节 主要机构和工作原理

一、开停机构（图 3-1）

1. 止动装置

止动装置是由止动架、止动凸轮、止动杆、制动轮、摩擦片、针数调节凸轮等零件组成的。

(1)止动架 止动架 1 在止动轴 3 的右端，它的下面有个起动块 12。当踩下踏脚板时，起动杠杆 10 即向前推动起动块 12，使止动架 1 带着止动轴和止动轴上的零件一齐顺时针方向摆动，从而产生了开车动作。止动架 1 上面装有止动杆 4，止动杆 4 的主要作用是钉扣完毕以后，由它顶住止动凸轮的最凸面，使机器停止转动。止动杆 4 上的缓冲簧 2 和胶垫，在停车时起缓冲作用，以减少止动凸轮 5 的冲击力。

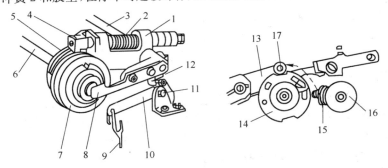

图 3-1 开停机构

1. 止动架 2. 缓冲簧 3. 止动轴 4. 止动杆 5. 止动凸轮 6. 主轴 7. 带轮
8. 起动压板 9. 拉链 10. 起动杠杆 11. 轴位螺钉 12. 起动块
13. 针数调节曲柄 14. 针数调节凸轮 15. 摩擦片 16. 制动轮 17. 针数调节滚柱

（2）**止动凸轮**　止动凸轮 5 与主轴 6 固定在一起，当止动凸轮 5 的最凸面碰到止动杆 4 时，机器立即停止转动。止动凸轮上面有两个止退爪，停车时，高止退爪碰到止动杆上，低止退爪立即弹起，顶到止动杆下面的凹槽内，以防止止动凸轮因碰撞而退回，这样有利于机针固定在规定的高度上。

（3）**针数调节凸轮和针数调节曲柄**　针数调节凸轮 14 除去调节钉扣的针数外，还有个重要作用，就是利用它的凸边，托住针数调节滚柱 17，以保证钉扣的针数。针数调节凸轮上有两个凹槽和两个凸边，开车时，针数调节滚柱 17 向上抬起，针数调节凸轮 14 立刻转动，并利用其凸边，托住针数调节滚柱 17，使针数调节曲柄 13 不能复位，所以机器继续钉扣。等针数调节凸轮下面的凹槽转到上面时，针数调节曲柄 13 上的针数调节滚柱 17 因失去凸边的支撑而落入凹槽内，使止动装置发挥作用，所以机器立即停止转动。

（4）**制动轮和摩擦片**　制动轮 16 装在主轴的左端。停车前，针数调节滚柱 17 落入针数调节凸轮的凹槽内时，预备停车板也随着下落，使摩擦片 15 压到制动轮 16 上，以降低主轴的旋转惯性。

2. **起动装置**

起动装置是由起动杠杆、起动压板、带轮和驱动摩擦轮等零件组成的。

（1）**起动杠杆**　起动杠杆 10 是个三角形杠杆。其支点是杠杆架上的轴位螺钉 11，力点由拉链 9 与脚踏板相连接，重点上有个短轴。当踩下脚踏板时，拉链 9 即牵动力点，使重点上的短轴，拨动起动块 12，机器即开始运转。

（2）**起动压板**　起动压板 8 装在止动架 1 的右侧，其前部有一斜面，当起动压板随着止动架顺时针方向摆动时，起动压板的斜面即推着带轮 7 向左移动，使带轮 7 与驱动摩擦轮啮合，从而带动主轴旋转。

（3）**带轮和驱动摩擦轮**　带轮 7 的主要作用是将电动机轮的动力传递给主轴，使主轴带动机器进行工作。带轮是个能在主轴上自由转动，并能左右微量移动的单槽轮。当它被起动压板的斜面推向左边与驱动摩擦轮啮合时，主轴即开始运转。带轮的中心有一个分离簧，停车时，由分离簧将带轮推向右边，使带轮离开驱动摩擦轮而空转。

3. 开停机构的作用

开停机构的主要作用是开车、控制钉扣针数、减速、缓冲、停车。

(1)开车　当踩下脚踏板时,图3-1中起动杠杆10即推动起动块12,使止动架1带着止动轴3上的零件,一齐顺时针方向摆动,同时产生了三个动作:

①止动杆4向上抬起,释放止动凸轮5。

②起动压板8顺时针方向摆动,利用其斜面推着带轮7左移,使带轮7与驱动摩擦轮啮合,以带动主轴旋转。

③针数调节曲柄13向上抬起,并利用预备停车板,提起摩擦片15,使摩擦片15与制动轮16脱开,以利于主轴旋转。

(2)控制钉扣针数　钉扣针数是开车前经过调节确定的。当踩下脚踏板,机针升降两次以后,针数调节滚柱17即压到针数调节凸轮的凸边上。在凸轮凸边、调节板或调节顶板的支撑下,针数调节滚柱17不能复位,机器继续缝纫,直到完成钉扣针数以后,针数调节滚柱17落入针数调节凸轮凹槽内时,才产生停车动作而停止钉扣。

(3)减速　针数调节滚柱17落入针数调节凸轮14的凹槽时,起动压板8逆时针方向摆动,其斜面释放带轮7,带轮在分离簧的作用下右移,与驱动摩擦轮脱离,使主轴失去动力。同时,摩擦片15压到制动轮16上,使机器减速。

(4)缓冲、停车　起动压板8释放带轮7后,机器靠旋转惯性,提起扣夹。此时,止动凸轮5的最凸部位碰到止动杆4上,止动杆受到碰撞而后退,在缓冲簧2和胶垫的缓冲下,抵消止动凸轮的旋转惯性而停车。同时,在胶垫弹力的作用下,止动杆复位。以便弯针勾线。同时,机针上升,还能收紧线环,缝牢扣子。

二、机针机构

机针机构如图3-2所示。主要作用是与弯针机构合作,形成单线链式线迹。机针下降作用是穿过面料将面线引入到缝料下面;机针上升作用是形成线环,方便穿弯针勾线,并收紧线环,缝牢扣子。

机针升降的原动件是主轴1上的挑针凸轮2。当主轴1旋转时,挑针凸轮2即利用球连杆3使挑针杠杆4以销轴5为枢上下摆动。挑针杠杆4上下摆动时,其前端的传动架6即通过针杆连接柱7和针杆8带着机针9上升、下降。

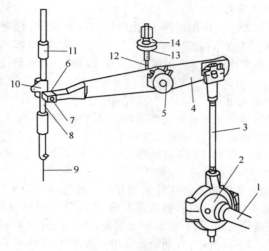

图 3-2　机针机构

1. 主轴　2. 挑针凸轮　3. 球连杆　4. 挑针杠杆　5. 销轴　6. 传动架
7. 针杆连接柱　8. 针杆　9. 机针　10. 挑线杆　11. 针杆套筒　12. 松线钉
13. 锁紧螺母　14. 第二夹线器

三、弯针机构

弯针机构如图 3-3 所示。作用是将机针引下来的线编结成套结，以形成链式线迹。

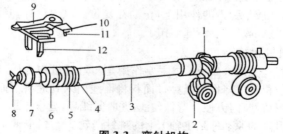

图 3-3　弯针机构

1. 被动弧齿锥齿轮　2. 主动弧齿锥齿轮　3. 弯针传动轴　4. 拨线凸轮
5. 凹槽　6. 弯针安装轴　7. 拨线三角凸轮　8. 弯针　9. 拨线板
10. 拨线摆杆　11. 滚柱　12. 拨线摆架

弯针机构的原动件是主轴上的主动弧齿锥齿轮 2。当主轴旋转时,主动弧齿锥齿轮 2 即通过被动弧齿锥齿轮 1 带动弯针传动轴 3 旋转。弯针 8 就装在弯针传动轴前端的弯针安装轴 6 上,所以主轴旋转时,弯针也随之同步旋转。

拨线装置的主要作用是在机针刺布时,拨线板将套在弯针上的三角线环拢到机针的左侧,以便弯针勾住针线环后,再钻进该三角线环内,而形成单线链式线迹。拨线板的传动原理如下:

拨线板 9 的拨线动作,是由拨线板 9 的前进后退和左右移动两个部分的复合动作组成的。其运动轨迹呈三角形,即先前进,再左移拢线,然后向右后方退回。拨线板 9 前进后退的原动件是拨线凸轮 4 上的凹槽 5。左右移动的原动件是拨线三角凸轮 7。当弯针传动轴 3 旋转时,凹槽 5 即利用滚柱 11 和拨线摆杆 10,使拨线板 9 前进后退。同时,拨线三角凸轮 7 也拨动拨线摆架 12 左右移动。拨线板 9 就嵌在拨线摆架 12 的凹槽内,所以拨线板 9 也随着左右移动。这样,两个动作互相配合,就形成了拨线板的三角形拨线运动。

四、送料机构

送料机构如图 3-4 所示。

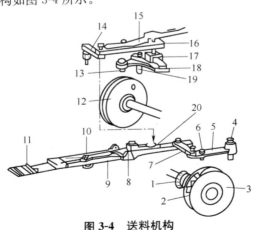

图 3-4　送料机构
1. 蜗轮　2. 横送凸轮曲线槽　3. 横送凸轮　4. 销轴　5. 横送摆杆　6. 滚柱
7. 横送连杆　8. 扣夹安装孔　9. 送料架　10. 支点轴　11. 送料板
12. 纵送凸轮　13. 滚柱　14. 纵送摆杆　15. 纵送调节板　16. 纵送连杆
17. 纵送滑套　18. 纵送摆架　19. 销轴　20. 纵送连接架

372 型钉扣机的送料动作分横向送料和纵向送料。横向送料是指扣夹和送料板夹着扣子和缝料左右摆动；纵向送料是指扣夹和送料板夹着扣子和缝料前后移动。其传动过程如下。

1. 横向送料

横向送料的原动件是横送凸轮 3。送料轴上的蜗轮 1 在蜗杆的传动下，带着横送凸轮 3 旋转。横送凸轮旋转时，它上面的曲线槽即利用滚柱 6 推着横送摆杆 5，以销轴 4 为枢左右摆动。横送摆杆 5 再通过横送连杆 7，推拉送料架 9，使送料架 9 以支点轴 10 为枢左右摆动。扣夹和送料板都安装在送料架 9 上，所以扣夹和送料板也夹着扣子和缝料同步左右摆动。

2. 纵向送料

纵向送料的原动件是纵送凸轮。纵送凸轮 12 转 180°时，纵送摆杆滚柱 13 ，在纵送凸轮曲线槽的推动下，向左摆动，所以纵送摆架 18 即以销轴 19 为枢向前摆动。纵送摆架 18 又通过纵送连杆 16 推着纵送连接架 20，在纵送摆杆 14 的制约下，向前摆动。纵送连接架 20 与送料架 9 相连接，所以纵送连接架 20 前进（或后退）时，扣夹和送料板 11 也夹着扣子和缝料前进（或后退）。

3. 送料调节原理

送料量的大小，应根据扣子上扣眼的距离来调节。372 型钉扣机的横向送料量为 2.5～6.5mm。纵向送料量 0～6.5mm。

(1)横向送料量的调节原理　送料架 9 的横向摆动是由横送凸轮曲线槽 2 的槽距决定的，因而横送连杆 7 传递给送料架 9 的摆程是不变的。但是，送料架 9 中间的支点轴 10 是可调的，当旋松支点轴 10 的紧固螺母，将支点轴 10 向后移动，则支点轴 10 与横送连杆 7 的距离变小。同时，支点轴 10 与送料板的距离增大，所以送料板的摆程增大。反之，则送料板的摆程变小。调节时，只要旋松支点轴 10 上面的螺母，即可前后移动支点轴 10，以调节送布量的大小。

(2)纵向送料量的调节原理　纵送凸轮曲线槽的槽距也相等，所以纵送摆架 18 的摆动角度是不变的。但是纵送摆架 18 上的纵送滑套 17 是可调的。将滑套向右移，则纵送滑套 17 与纵送摆架销轴 19 的距离增大，所以纵送滑套 17 的摆程也相应地增大。纵送滑套 17 的摆程增

大,则纵送滑套 17 利用纵送连杆 16 和纵送连接架 20 推拉送料架 9 的
动程也增大,所以送料板 11 和扣夹的前后送料量也相应增大。反之,
则扣夹和送料板的前后送料量减少。如果把纵送滑套 17 的中心柄调
节到与纵送摆架销轴 19 同心,则纵送滑套 17 的摆程为 0,纵向送料动
作消失。这样可以钉两个扣眼的扣子。调节时,使纵送调节板 15 上的
箭头,对准纵送标尺上的"…",即可钉两眼扣子。使纵送调节板 15 上
的箭头对准纵送标尺上的数字 2.5～4.5 时,可钉中小号扣子;对准数
5～6.5 时,可钉大号扣子。

五、钉扣针数调节机构

钉扣针数调节机构如图 3-5 所示。

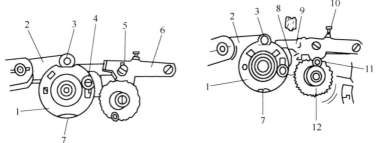

图 3-5　钉扣针数调节机构

1. 针数调节凸轮　2. 针数调节曲柄　3. 针数调节滚柱　4. 针数调节柄
5. 紧固螺钉　6. 针数调节短板　7. 针数调节板　8. 从动齿轮　9. 针数调节顶板
10. 限位螺钉　11. 从动大齿轮滚柱　12. 从动大齿轮

372 型钉扣机的钉扣针数,可以调节为 8 针、16 针、32 针三种。其
调节原理见表 3-1。

表 3-1　372 型钉扣机的钉扣针数调节原理

针数	调节原理
8 针	主轴旋转时,利用斜齿轮带着弯针轴同步旋转,弯针轴上的蜗杆又推着送料轴上的蜗轮旋转;因为蜗轮上有 16 个齿,所以主轴旋转 16 圈,送料轴才转 1 圈。送料轴左端的针数调节凸轮 1 上有两个槽,分别处在针数调节凸轮上面和下面;每当针数调节滚柱 3 落入针数调节凸轮的凹槽内时,钉扣就结束(停车);当主轴带着弯针轴旋转 8 圈时,蜗杆也推着蜗轮转 8 个齿(即转半圈),此时,针数调节凸轮 1 下面的凹槽,转到上面来,针数调节滚柱 3 即落入凹槽内而停车,所以钉扣针数为 8 针

续表 3-1

针数	调节原理
16 针	将针数调节柄 4 向外拨一点，再顺时针方向推移，则针数调节板 7 把针数调节凸轮下面的凹槽堵起来；当主轴转到 8 圈时，因为调节板 7 把凹槽堵起来了，针数调节滚柱 3 不能落入凹槽内，所以机器继续运转，直到主轴转 16 圈，凸轮 1 上面的凹槽复位时才能停车，所以钉扣针数为 16 针
32 针	先旋松紧固螺钉 5，再用手按下针数调节短板 6，使限位螺钉 10 压到针数调节顶板 9 上，然后旋紧紧固螺钉 5。 在针数调节凸轮 1 的右侧有个 18 齿的主动齿轮，这个齿轮固定在送料轴上，与针数调节凸轮 1 同步运转。它的前面有个 18 齿的从动齿轮 8。从动齿轮 8 的前面又有一个 36 齿的从动大齿轮 12。从动大齿轮上有个从动大齿轮滚柱 11。开车以后，当针数调节凸轮转半圈时，由于针数调节板 7 堵住了凹槽，针数调节滚柱 3 不能落入凹槽内，所以机器继续缝纫。当针数调节凸轮转一圈时，从动大齿轮 12 上的从动大齿轮滚柱 11 转到最高位置，将针数调节顶板 9 顶起，针数调节顶板 9 的后端，托住针数调节滚柱 3，使它不能落入凹槽内，所以机器仍然继续缝纫。直到针数调节凸轮转两圈时，从动大齿轮 12 上的从动大齿轮滚柱 11 转到最低位置，针数调节滚柱 3 才得以落到针数调节凸轮的凹槽内而停车。针数调节凸轮转两圈，机针即升降 32 次，所以钉扣针数为 32 针

六、扣夹和扣夹提升机构

1. 扣夹

扣夹如图 3-6 所示，由扣夹架 7、扣夹安装架 2、左扣夹 3、右扣夹 4、扣夹开合架 5、扣夹提升钩 1、开合扳手 6、扣夹压力调节杆和压簧等零件组成，并由弯销连接在送料架的扣夹安装孔（图 3-4）内。

（1）扣夹的作用 扣夹夹住扣子，以免扣夹摆动时扣子移位而引起断

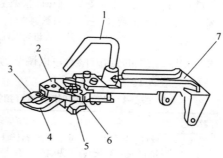

图 3-6 扣夹

1. 扣夹提升钩　2. 扣夹安装架　3. 左扣夹
4. 右扣夹　5. 扣夹开合架　6. 开合扳手
7. 扣夹架

针;压紧缝料,以免钉扣时跳针;与送料板同步送料;扣夹升起时,拉断缝线,便于取下衣物。

(2)扣夹开合宽度调节原理　左扣夹3和右扣夹4都安装在扣夹安装架2的底面。左、右扣夹上的螺杆轴,分别嵌在扣夹开合架5两侧的斜槽内。当扣夹开合架5向后移动时,扣夹开合架5斜槽利用左、右扣夹螺杆轴,将左扣夹3和右扣夹4推向两边,所以两扣夹张得宽。反之,则两扣夹张得窄。

扣夹开合架5由轴位螺钉安装在扣夹安装架2的下面,当旋松开合扳手6的销紧螺钉时,左扣夹3和右扣夹4在钢丝弹簧的作用下,利用螺钉轴推着扣夹开合架5向前移动而闭合。当用手向后推动开合扳手6时,开合扳手6即推着轴位螺钉使扣夹开合架5向后移,所以左、右扣夹张开。张开的宽度必须略小于扣子的直径。这样,左、右扣夹才能夹牢扣子。调节合适以后,要旋紧开合扳手销紧螺钉。

2. 扣夹提升机构

扣夹提升机构如图3-7所示。

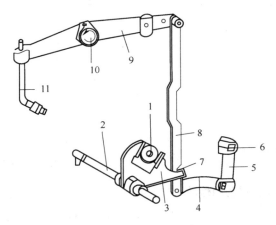

图3-7　扣夹提升机构

1. 扣夹提升凸轮　2. 摆架轴　3. 扣夹提升摆架　4. 扣夹提升连杆
5. 扣夹提升曲柄　6. 止动轴　7. 扣夹提升板凹槽　8. 扣夹提升板
9. 扣夹提升杠杆　10. 销轴　11. 扣夹提升杆

(1)扣夹的提升 扣夹提升的原动件是扣夹提升凸轮 1。主轴旋转时,扣夹提升凸轮 1 即拨着扣夹提升摆架 3,以摆架轴 2 为枢,上下摆动。开车时,扣夹提升曲柄 5,在止动轴 6 的扭动下,顺时针方向摆动,并利用扣夹提升连杆 4 将扣夹提升板 8 推向前方。这样,扣夹提升板凹槽 7 就离开了扣夹提升摆架 3,所以扣夹提升摆架 3 空摆。停车时,扣夹提升摆架 3 的弯头卡进扣夹提升板的凹槽 7 内,因而产生了两个动作:

①扣夹提升摆架 3 拉着扣夹提升板 8 向下摆动。同时,扣夹提升板的上端又牵动扣夹提升杠杆 9 以销轴 10 为枢向上摆动。

②扣夹提升杠杆 9 向上摆动时,其前端的扣夹提升杆 11 即与扣夹提升钩 1(图 3-6)合作,将扣夹提起。

(2)扣夹的落下 开车时,由于扣夹提升曲柄 5 在止动轴 6 的扭动下,顺时针方向摆动,并通过扣夹提升连杆 4,将扣夹提升板 8 推向前方,使扣夹提升摆架 3 释放扣夹提升板 8,所以扣夹在扣夹压力调节杆的作用下,迅速落下,压住缝料。

七、供线机构

供线机构参看图 3-2。

1. 挑线杆

372 型钉扣机属于针杆挑线缝纫机,所以它的挑线杆 10 固定在针杆上,随着针杆上升下降。挑线杆随着针杆下降时,缝线逐渐放松,以便弯针拉大线环和形成三角大线环。机针回升,形成线环并由弯针勾住线环后,挑线杆也随着机针上升,逐渐收紧三角大线环而形成链式线迹。

2. 第二夹线器

第二夹线器的用途是夹紧缝线,以协助挑线杆收线;扣夹和送料板送料时,用线量较多,此时第二夹线器浮起,以减轻线的张力,避免断线。

(1)夹线板浮动的传动过程 松线钉 12 顶在挑针杠杆 4 上,每当针杆 8 从最低位置上升到针杆 8 的顶端距针杆套筒 11 的顶端 54~57mm 时,挑针杠杆 4 即将松线钉 12 向上顶起。松线钉 12 再顶起松线板,所以夹线板浮起。夹线板浮起的早晚对断线、停车后线头的长短及线迹的松紧都有影响。浮动时间晚,常常出现断线、线头短等故障;浮动时间早,又常出现线头长和收线不良等故障。必须仔细调节才能消除故障。

(2)第二夹线器的调节原理　第二夹线器14浮动时间晚,应先旋松夹线器锁紧螺母13,再顺时针方向旋动夹线杆,使整个夹线器下移。这样,挑针杠杆4向上摆动时,松线钉提前顶起松线板,所以夹线板浮起时间变早。反之,则夹线板浮起时间变晚。

3. 线量调节钩

线量调节钩的主要用途是调节线量。停车时,线量调节钩向左摆动,从夹线器内抽出适量的线,以备开车时用。开车时,线量调节钩向右摆动,释放出适量的线,以供应机针下降和弯针第一次勾线时用。

(1)线量调节钩的传动　线量调节钩和夹线架如图3-8所示。停车时,扣夹提升板1升起,并利用联接螺钉拨着夹线传动三角板2,以销轴3为枢向后摆动。夹线传动三角板2向后摆动时,其顶端的凹槽4也拨着夹线调节杆5向后移动。此时,线量调节滑块7即利用螺杆轴10拨着线量调节钩11向左摆动,以拉出适量的线。

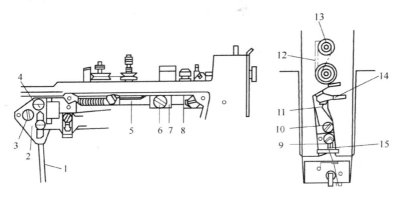

图3-8　线量调节钩和夹线架

1. 扣夹提升板　2. 夹线传动三角板　3. 销轴　4. 凹槽　5. 夹线调节杆
6. 线量调节滑块紧固螺钉　7. 线量调节滑块　8. 夹线调节滑块　9. 夹线架
10. 螺杆轴　11. 线量调节钩　12. 第二夹线器　13. 第一夹线器
14. 过线钩　15. 夹线方柱

开车时,扣夹提升板1下降,并利用夹线传动三角板2拨着夹线调节杆5向前移动。此时,线量调节滑块7又利用螺杆轴10拨着线量调节钩 11 向右摆动,以释放出适量的线。

(2)线量调节钩放线量的调节原理　旋松线量调节滑块紧固螺钉 6,将线量调节滑块 7 向前移动,则线量调节钩 11 摆到左极限位置时,距过线钩 14 远一些,所以拉出的线量就多一些。反之,将线量调节滑块向后移,则线量调节钩摆到左极限位置时,距过线钩 14 近一些,所以拉出的线量就少一些。

4. 夹线架和夹线方柱

夹线架 9 和夹线方柱 15 的主要作用是停车时由它们夹住线,以便扣夹升起时,拉断缝线。其传动过程:开车时,夹线调节杆 5 带着夹线调节滑块 8 向后移动。同时,夹线调节滑块 8 又拨着夹线架 9 向左摆动,所以夹线架 9 和夹线方柱 15 之间出现 0.8～1.2mm 的间隙,以便缝线通行。停车时,由于夹线调节杆 5 复位,所以夹线调节滑块 8 释放夹线架 9,在拉簧的作用下,夹线架 9 向右摆动,使它压到夹线方柱 15 上,以夹住缝线。

第二节　主要机件的定位和调节

一、机针与弯针的配合

1. 针杆的标准高度

机针和弯针定位如图 3-9 所示。针杆 1 上有两组共四条刻线。使用 TQ×1 机针(短针)时,上组刻线中的上刻线 2 为针杆高度定位线,上组刻线中的下刻线 3 为弯针左右位置定位线。使用 TQ×7 机针(长针)时,下组刻线中的上刻线 2 为针杆高度定位线,下组刻线中的下刻线 3 为弯针左右位置定位线。当针杆下降到最低位置时,上刻线 2 与针杆套筒 4 的下端面平齐为针杆的标准高度。针杆过高或过低,会出现跳针、断线、断针等故障。

2. 调节方法

(1)解除停车方法　维修 372 型钉扣机,必须使停车状态解除,才能转动带轮,进行维修,否则带轮空转。

解除停车的方法是踏下脚踏板,让扣夹下落。继续踩着脚踏板并用手转动带轮,转到机针升降两次以后,停车状态才能解除。

(2)针杆高度调节方法　解除停车状态以后,先用手转动带轮,使

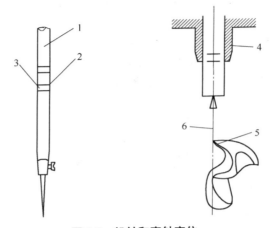

图 3-9 机针和弯针定位

1. 针杆 2. 上刻线 3. 下刻线 4. 针杆套筒 5. 弯针尖
6. 机针中心线

针杆 1 下降到最低位置,再从面板上的小孔内,伸进螺钉旋具,旋松针杆紧固螺钉,然后上下移动针杆 1,至针杆 1 的上刻线 2 与针杆套筒 4 的下端面平齐时,再旋紧针杆紧固螺钉。

使用 TQ ×7 机针时,机针紧固螺钉必须对准针杆下套筒的凹面,否则机针紧固螺钉受阻,针杆不能升起。

3. 弯针的标准定位

(1)弯针的左右位置 如图 3-9 所示,用手转动带轮,使针杆 1 从最低位置上升,当针杆 1 上到下刻线 3 与针杆套筒 4 的下端面平齐时,弯针尖 5 到达机针中心线 6,为弯针左右位置的标准。如果针杆 1 上的下刻线 3 与针杆套筒 4 的下端面平齐,而弯针尖 5 尚未到达或已经超过机针中心线 6,钉扣时会出现跳针、断线等故障。

调节时,先用解除停车,再旋出机身固定螺钉,拉开右罩板,卸下带,向左推倒机头,然后转动带轮,使针杆 1 从最低位置上升到针杆 1 下刻线 3 与针杆套筒 4 下端面平齐,在此状态下旋松弯针安装轴紧固螺钉,使弯针尖 5 到达机针中心线 6。

(2)弯针的前后位置 弯针尖 5 到达机针中心线 6 以后,弯针尖 5

与机针的前后间隙应为 0.05mm。此间隙过大会跳针;间隙过小,弯针尖会碰机针,出现断线、断针等故障。

调节时,先解除停车,向左推倒机头,再转动带轮,使针杆 1 上升至针杆下刻线 3 与针杆套筒 4 的下端面平齐。此时,旋松弯针紧固螺钉,前后移动弯针,使弯针尖 5 与机针的间隙达到 0.05mm。

4. 护针板的标准位置

拨线板的前后位置如图 3-10 所示。转动带轮,使机针 1 下降到最低位置。此时,机针 1 与护针板 2 应有 0.05～0.1mm 的间隙。此间隙过大,会出现跳针;此间隙小于零,会出现断线、跳针、断针。

调节时,先解除停车,并使机针下降到最低位置。再旋松护针板紧固螺钉 3,前后移动护针板 2,至护针板与机针的间隙为 0.05～0.1mm 时,旋紧护针板紧固螺钉 3。

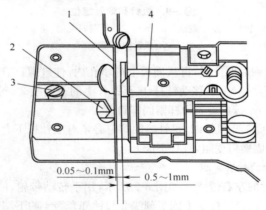

0.05～0.1mm　　0.5～1mm

图 3-10　拨线板的前后位置
1. 机针　2. 护针板　3. 护针板紧固螺钉　4. 拨线板

二、拨线凸轮和拨线三角凸轮定位

1. 拨线凸轮

(1)拨线凸轮的径向定位　拨线凸轮和拨线三角凸轮定位如图 3-11 所示。弯针尖 1 通过三角大线环 2 时,拨线板 3 开始后退,为拨线凸轮 7 的标准径向定位。拨线板开始后退的时间过早,会出现弯针两次挂线而断线;拨线板开始后退的时间过晚,会碰针。

调节时,先转动带轮,使弯针尖 1 处在通过三角大线环 2 的位置上,再旋松拨线凸轮紧固螺钉 6。顺时针或逆时针方向扭动拨线凸轮 7 至拨线板 3 从左极限位置上开始后退时,旋紧拨线凸轮紧固螺钉 6。

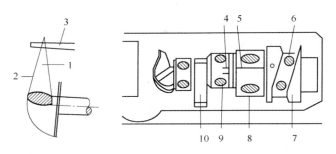

图 3-11　拨线凸轮和拨线三角凸轮定位

1. 弯针尖　2. 三角大线环　3. 拨线板　4. 刻线　5. 刻线　6. 拨线凸轮紧固螺钉
7. 拨线凸轮　8. 弯针安装轴　9. 固定螺钉　10. 拨线三角凸轮

(2)拨线板前后位置的调节　当弯针尖 1 下降到最低位置时,弯针尖 1 和拨线板 3 之间有 0.5～1 mm 的间隙,为拨线板 3 前后位置的标准。拨线板 3 的前后位置符合这个标准,则形成的三角大线环 2 呈等腰三角形,便于弯针尖 1 从线环中央通过。如果拨线板 3 位置太靠前,则碰擦机针,容易引起断针。同时形成的三角大线环 2 朝前偏,容易引起跳针和弯针二次挂线。拨线板 3 位置太靠后,则三角大线环 2 朝后偏,也容易引起跳针和弯针二次挂线。

调节时,先卸下送料板,上、下针板和扣夹架,再转动带轮使弯针尖 1 下降到最低位置,然后旋松拨线凸轮紧固螺钉 6,前后移动拨线凸轮 7,至拨线板 3 和弯针尖 1 的间隙达到 0.5～1 mm 时,再旋紧拨线凸轮紧固螺钉 6。

如果拨线凸轮 7 与弯针安装轴 8 的间隙太小,拨线凸轮 7 不能向前移动时,可旋松弯针安装轴 8 的紧固螺钉,将弯针安装轴 8 向前移一点,再向前移动拨线凸轮 7。移动弯针安装轴 8 以后,必须重新调整弯针的前后位置。

2. 拨线三角凸轮的定位

拨线三角凸轮定位如图 3-12 所示。针杆 1 从最高位置下降到针

杆 1 的上端距针杆套筒 2 的上端 55～
58mm 时,拨线板从右向左开始移动,为
拨线三角凸轮的标准定位。如果拨线板
从右向左开始移动的时间过早,会出现
碰针、断线等故障。过晚,会出现断线、
收线不良、线头长等故障。

　　调节时,转动带轮,使针杆 1 的上
端,下降到距针杆套筒 2 的上端 55～
58mm 时,旋松拨线三角凸轮紧固螺钉,
并转动拨线三角凸轮,至拨线板从右向
左开始移动时,再旋紧拨线三角凸轮紧
固螺钉。

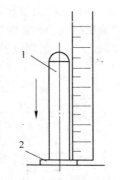

图 3-12　拨线三角凸轮定位
1. 针杆　2. 针杆套筒

　　上述拨线凸轮径向定位和拨线三角凸轮定位方法并不实用。在实
际工作中参考图 3-11,先用弯针的左右位置定位方法确定弯针安装轴 8
的位置以后,再使拨线凸轮 7 和拨线三角凸轮 10 上的刻线 4 对准弯针
安装轴 8 上的刻线 5,就确定了拨线凸轮和拨线三角凸轮的正确位置。

三、送料机构的调试

1. 扣夹的调节

　　372 型钉扣机虽然能钉带柄扣、珠形扣等各种扣子,但以钉平扣为
最多。下面只介绍钉平扣的调试方法。

　　(1)扣夹高度的调节　　扣夹的调节如图 3-13 所示,扣夹升起以后,
扣夹 2 和送料板 1 的距离应为 12 mm。此距离过大,钉扣子的前排扣
眼时,扣夹提升杆 4 和扣夹提升钩 6 会相抵触,因而压不牢缝料。此距
离过小,则扣夹 2 上升时,拉不断线,同时向扣夹内安放扣子时不方便。

　　调节时,扣夹 2 升起以后,旋松扣夹提升钩紧固螺钉 9,上下移动
扣夹提升钩 6,至扣夹 2 与送料板 1 相距 12 mm 时,再旋紧扣夹提升
钩紧固螺钉 9。

　　(2)扣夹压力的调节　　扣夹下落后,应有一定的压力才能压牢缝
料。缝一般缝料时,可使压力杆 7 的螺纹,从锁紧螺母下端露出 4～
5 mm 为标准。向上旋动调压螺母 8,则扣夹压力增大。压力过大,缝
薄料时会损伤缝料。向下旋动调压螺母 8,则扣夹压力变小。压力过

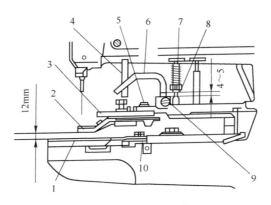

图 3-13　扣夹的调节

1. 送料板　2. 扣夹　3. 扣夹安装架　4. 扣夹提升杆　5. 扣夹安装架螺钉
6. 扣夹提升钩　7. 压力杆　8. 调压螺母　9. 紧固螺钉　10. 送料板螺钉

小,缝薄料时跳针。

调节时,先旋松下边的锁紧螺母,再上下旋动上边的调压螺母8,然后旋紧锁紧螺母。这样反复调节,直到压力杆下端的螺纹从锁紧螺母下端露出 4～5 mm 为止。

（3）扣夹开合宽度的调节

扣夹开合的宽度要按扣子的直径来调节,但又必须略小于扣子的直径。这样,一方面向扣夹内放扣子时方便、快速,另一方面扣夹对扣子有一定的夹力,以免扣夹下落时,扣子移位。如果扣子移位,则出现断针、损坏扣子等故障。

扣夹开合宽度的调节如图3-14 所示。旋松开合扳手紧固螺钉1,向后推移开合扳手2,则扣夹张得宽。向前拉开合

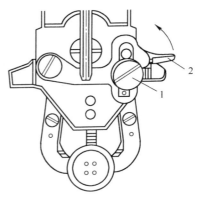

图 3-14　扣夹开合宽度的调节

1. 开合扳手紧固螺钉　2. 开合扳手

扳手 2,则扣夹张开的宽度变小,当调至扣夹张开的宽度略小于所钉扣子的直径时,旋紧开合扳手紧固螺钉 1。

2. 两眼扣子和四眼扣子的调节

(1)两眼扣子的调节　横送标尺和纵送标尺如图 3-15 所示。首先拨动纵送调节板 1,使纵送调节板上的箭头对准纵送标尺 2 上的标记"⊙",然后根据两扣眼的距离,调节横送指针 3 的位置。例如,两扣眼子中心的距离是 4mm,可以旋松横送指针紧固螺母 4,前后移动横送支点轴 5,使横送指针尖 3 对准横送标尺 6 上的数字"4",然后再做如下试验。

先将扣子塞进扣夹内,并解除停车。再转动带轮,使机针升降两次,如果机针落到左扣眼中心和右扣眼中心,表明调节得当,可以开车钉扣子。如果机针落到左扣眼的左侧和右扣眼的右侧,表明横向送料量较大,应将横送支点轴 5 向前移一点;如果机针落到左扣眼的右侧和右扣眼的左侧,表明横向送料量较小,应将横送支点轴 5 向后移一点,直到机针落到两扣眼正中靠后一点为止。

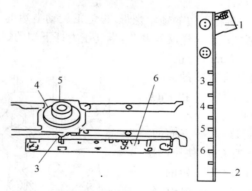

图 3-15　横送标尺和纵送标尺
1. 纵送调节板　2. 纵送标尺　3. 横送指针
4. 紧固螺母　5. 支点轴　6. 横送标尺

(2)四眼扣子的调节　普通四眼扣子横向两扣眼的距离与纵向两扣眼的距离相等。调节时,先根据纵向两扣眼的距离调节纵送调节板 1 的位置。例如,扣眼的纵向距离为 4mm,可将纵送调节板 1 拨到纵送标尺 2 的数字"4"上,再旋松横送指针紧固螺母 4,使横送指针尖 3 指到横送标尺 6 的数字"4"上,然后再做如下试验。

先用调节两眼扣子的方法,确认机针下落时,落到左扣眼和右扣眼的正中。再转动带轮,使机针升降到第九次时,仔细观察机针是否能落到扣眼正中,如果机针落入扣眼正中,表明纵向送料量正确。如果机针碰擦扣眼前侧,表明纵向送料量大,应向左拨动纵送调节板;反之,如果机针碰擦扣眼后侧,表明纵向送料量小,应向右拨动纵送调节板。

3. 扣夹位置的调节

(1)扣夹左右位置的调节　按照调节两眼扣子的方法调节以后,机针不落在扣眼正中,而是落在左扣眼左侧和右扣眼左侧,或左扣眼右侧和右扣眼右侧,这种现象表明扣夹向左或向右歪斜。扣夹歪斜常引起断针、损坏扣子、跳针等故障。

调节方法如图 3-13 所示,旋松扣夹安装架螺钉 5,左右移动扣夹安装架 3,直至机针落到左扣眼中心和右扣眼中心为止。

(2)扣夹前后位置的调节　按照调节四眼扣子的方法调节以后,机针不落在扣眼正中,而是头八针落到后排扣眼后侧,后八针落到前排扣眼后侧。这种现象表明扣夹位置偏前,常会因此引起断针、损坏扣子、跳针等故障。如果机针落到四个扣眼的前侧,则表明扣夹位置偏后,这样会引起断针、跳针、损坏扣子等故障。

调节时,旋松扣夹安装架螺钉 5,前后移动扣夹安装架 3 至机针落到四个扣眼中心(偏后一点)为止。

4. 送料板的调换

送料板分大、中、小三种型号。送料板中央有个方孔,机针就从方孔内升降。用小号送料板钉大号扣子,则机针刺到送料板上而断针。用大号送料板钉小号扣子,则引起跳针。所以钉扣子时,要根据扣眼的距离大小来调换不同型号的送料板。

调换方法如图 3-13 所示,先旋松送料板螺钉 10,取下旧送料板 1,换上新送料板并暂时旋紧螺钉 10。再转动带轮,将送料板 1 摆到最左边,看一看机针和送料板方孔左侧的间隙,然后将送料板摆到最右边,再看一看机针与送料板方孔右侧的间隙,如果两间隙相等表明送料板 1 的左右位置是正确的。如果不相等,可旋松送料板螺钉 10,反复调整,直到两间隙相等为止。

当机针升降到第八针和第九针时，再用上述方法确定送料板 1 的前后位置。最后，旋紧送料板螺钉 10。

四、钉扣针数的调节

参考图 3-5 所示，钉扣针数的调节见表 3-2。

表 3-2　钉扣针数的调节

钉扣针数	调节方法
8 针	将针数调节柄 4 逆时针方向拨到调节槽的顶端。再旋松针数调节顶板紧固螺钉 5，使针数调节顶板 9 降到最低位置，钉扣针数即可改变为 8 针
16 针	在 8 针的基础上，将针数调节柄 4 顺时针方向拨到调节槽的顶端，则针数调节板 7 将针数调节凸轮下边的凹槽堵起来，所以钉扣针数改为 16 针
32 针	在 16 针基础上，旋松针数调节顶板紧固螺钉 5，并将紧固螺钉 5 和针数调节顶板 9 一齐向上推，至针数调节顶板 9 碰到限位螺钉 10 上，再旋紧针数调节顶板紧固螺钉 5。这样，钉扣针数即可改变为 32 针

限位螺钉的调节如图 3-5 所示。钉 32 针的扣子，缝到第 16 针时，针数调节顶板 9 把针数调节曲柄 2 托住，使它不能下落，才能继续缝纫。如果针数调节顶板 9 调得太低，缝到第 16 针时，针数调节曲柄 2 仍然下落，则中途停车。如果针数调节顶板 9 稍低一点，缝到第 16 针时，机器有"顿一顿"的现象。如果针数调节顶板 9 过高，缝到等 16 针时，机器会发出响声，并有忽快忽慢的现象。

调节时，针数调节顶板 9 低，可旋松限位螺钉 10 上的螺母，逆时针方向旋动限位螺钉 10。这样，当针数调节顶板 9 碰到限位螺钉 10 时，它的位置就变高。反之，顺时针方向旋动限位螺钉 10，针数调节顶板 9 的位置就变低。针数调节顶板 9 的高低以缝到第 16 针时，针数调节曲柄 2 不上下摆动为标准。

五、夹线装置和松线装置

1. 第一夹线器

线量调节钩和夹线器如图 3-8 所示。第一夹线器 13 的作用是控制扣子的缝纫强度。当第二夹线器 12 浮起时，由它协助挑线杆收紧线迹。第一夹线器13的压力，以0.069～0.15N为标准。压力过小，则浮线、抛线，钉出来的扣子线松；压力过大，会造成断线。调节时，顺时针方向旋动调压螺母，则压力增大；逆时针方向旋动调压螺母，则压力变小。

在第一夹线器13上有个松线插板，它有两个作用：

①停车时松线插板插进两夹线板中间，撬开夹线板而松线。这样，有利于线量调节钩向外拉线。

②开车时，松线插板复位，使两夹线板夹线。这样，始缝时可以防止线继续拉出。如果停车时，松线插板不能撬开夹线板，则出现停车时断线。如果开车时松线插板不能离开夹线板，则钉扣线迹松散、混乱。

调节方法如图3-8所示。先卸去机头左罩板，再旋松松线插板紧固螺钉，在夹线调节杆5的长槽内前后移动松线插板。向前移动，则夹线板浮动量增大；向后移动，则夹线板浮动量变小，调节到开车时夹线板夹线，停车时夹线板松线为标准。

2. 第二夹线器

第二夹线器除与第一夹线器合作控制线的张力外，还有一个特殊的作用，就是当送料板左右送料、用线量较多时，第二夹线板浮起，以降低线的张力，这样可以避免断线。

(1)浮动时间的调节 第二夹线器调节如图3-16所示。当针杆1从最低位置上升到其顶端距针杆套筒2的顶端54～57 mm时，夹线板4开始浮动，为第二夹线器浮动时间的标准。浮动时间过早，会出现收线不良，停车后线头长等故障。

调节时，转动带轮，使针杆1从最低位置上升到其顶端距针杆套筒2的顶端54～57mm时，旋松夹线器锁紧螺母3，先逆时针方向旋动夹线杆6，使两夹线板密合，再顺时针方向旋动夹线杆6，至夹线板4刚开始浮动时，旋紧夹线器锁紧螺母3。

(2)第二夹线器压力的调节 用棉线钉扣时，夹线器压力小点较好，压力大容易断线。涤纶线拉力强，夹线器压力大一点也无妨，压力过小则出现收线不良，线头长等故障。第二夹线器的压力，可在0.69～1.96N调节。顺时针方向旋动调节螺母5，则压力增大；反之，则压力减小。

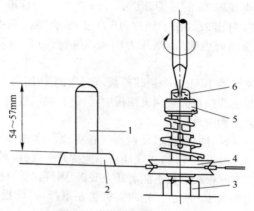

图 3-16　第二夹线器调节

1. 针杆　2. 针杆套筒　3. 锁紧螺母　4. 夹线板　5. 调节螺母　6. 夹线杆

3. 线量调节钩的调节

线量调节钩的作用是在停车时,拉出适量的线,以备下一次开始缝纫时用。线量调节钩拉出线量的多少,应根据扣子的大小、厚度等条件进行调节。如果线量调节钩拉出的线量过多,往往在始缝时右扣眼内露出线头。如果线量调节钩拉出的线量过少,往往在始缝时头几针跳针,或在始缝时左扣眼内露出线头。

调节方法如图 3-8 所示。停车时,线量调节钩 11 与过线钩 14 的距离应为 8～12 mm。旋松线量调节滑块 7 的紧固螺钉 6,向前移动线量调节滑块 7,则线量调节钩 11 与过线钩 14 的距离增大,所以拉出的线量增多;向后移动线量调节滑块 7,则线量调节钩 11 与过线钩 14 的距离缩小,所以拉出的线量减少。调节完毕,要旋紧线量调节滑块紧固螺钉 6。

4. 夹线架的调节

停车时,夹线架与夹线方柱闭合,夹住缝线,以便扣夹上升时,拉断缝线。开车后,夹线架与夹线方柱之间应有 0.8～1.2mm 的间隙,以便缝线畅通。此间隙过大,则停车时夹不牢线,出现扣夹提升时拉不断线等故障;此间隙过小,则线路不畅,容易断线。

夹线架的调节如图 3-17 所示,先解除停车,再通过机器左罩板的小孔用螺钉旋具旋松夹线调节滑块紧固螺钉 1,然后,左右移动夹线调节滑块 2,使夹线架 4 和夹线方柱 3 之间的间隙在 0.8~1.2mm。

使用夹线架 4 会给操作上带来很多麻烦。在实际工作中,只要第一夹线器和第二夹线器调节得当,不用夹线架也可以照常钉扣。

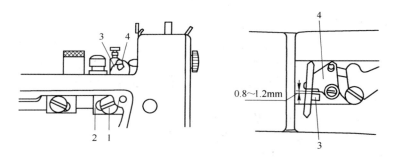

图 3-17　夹线架的调节

1. 夹线调节滑块紧固螺钉　2. 夹线调节滑块　3. 夹线方柱　4. 夹线架

六、开停机构的调整

(1)起动压板的调节　如图 3-18 所示,停车时,带轮右侧的钢球 1 与起动压板 2 之间应有 0.8 mm 的间隙(向左推移带轮 3 和钢球 1 就可目测此间隙)。此间隙过大,会出现:需要用力踩脚踏板,机器才能起动。钉扣时,机器转速低。停车时,常因旋转惯性小而扣夹提升不到位;此间隙过小,会出现带轮发热和停车时冲击力大等故障。

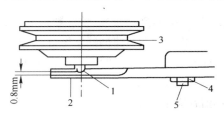

图 3-18　起动压板的调节

1. 钢球　2. 起动压板　3. 带轮　4. 锁紧螺母　5. 调节螺钉

调节应在停车时,旋松起动压板锁紧螺母 4,顺时针方向旋动调节螺钉 5,则钢球 1 与起动压板 2 的间隙增大;逆时针方向旋动调节螺钉

5,则钢球1与起动压板2的间隙缩小。调节至钢球1与起动压板2有0.8mm的间隙时,再旋紧锁紧螺母4。

（2）针数调节凸轮的位置

针数调节凸轮的位置如图3-19所示,停车时,针数调节凸轮1的斜边与针数调节滚柱2之间应有0.8mm的间隙。间隙过大,则制动时噪声大;间隙过小,则出现停车不到位、扣夹提升不足、拉不断线等故障。

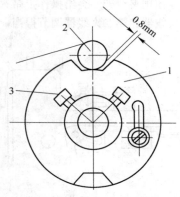

图3-19　针数调节凸轮的位置
1. 针数调节凸轮　2. 针数调节滚柱
3. 紧固螺钉

调节应在停车时,旋松针数调节凸轮紧固螺钉3,扭动针数调节凸轮1,使针数调节滚柱2与针数调节凸轮1斜边的间隙达到0.8mm,在此状态下,旋紧针数调节凸轮紧固螺钉3。

（3）止动杆的高度　止动杆位置的调节如图3-20所示。机器在运转中,止动杆1的下端面与止动凸轮2最凸处的间隙应为2.4mm。此间隙过大,停车时带轮与起动摩擦轮不能完全分离,造成停车时冲击力大、带轮发热等故障;间隙过小,会出现钉扣速度慢,停车不到位等故障。

调节时,先踩着脚踏板,转动带轮,使针数调节滚柱爬到针数调节凸轮的凸面上。再旋松针数调节曲柄锁紧螺钉,上下移动止动杆1,使止动杆1与止动凸轮2的最高处相距2.4mm。最后,旋紧针数调节曲柄锁紧螺钉。

（4）止动杆的前后位置　如图3-20所示,从止动架3到止动杆1的距离应为9.5mm。此间隙过大或过小,停车时,对机针的规定高度有影响。

调节应在停车以后,先旋松止动杆锁紧螺母,再用螺钉旋具顶住止动杆1的前端,然后用扳手旋动止动杆调节螺母,使止动架3与止动杆1的距离达到9.5mm。

七、扣夹提升板的调节

(1)调节标准　扣夹提升板的调节如图 3-21 所示,开车以后,扣夹提升板 1 与扣夹提升摆架弯头 2,应有 0.5~0.8mm 的间隙。此间隙过大,则扣夹提升摆架弯头 2 不能卡到扣夹提升板的凹槽内,所以停车时,扣夹不能提起;此间隙过小,则开车以后,扣夹提升摆架碰扣夹提升板。

(2)调节方法　踩下脚踏板,转动带轮,使针数调节滚柱爬到针数调节凸轮的凸面上。再向左推倒机头,旋松扣夹提升调节曲柄的锁紧螺钉,前后移动扣夹提升板 1,至扣夹提升板 1 与扣夹提升摆架弯头 2 的间隙达到 0.5~0.8mm 时,再旋紧扣夹提升调节曲柄锁紧螺钉。

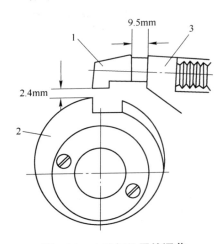

图 3-20　止动杆位置的调节
1. 止动杆　2. 止动凸轮　3. 止动架

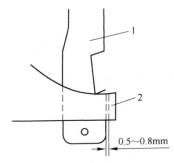

图 3-21　扣夹提升板的调节
1. 扣夹提升板　2. 扣夹提升摆架弯头

第三节　MB-373 型和 MB-377 型高速单缝钉扣机

一、标准调整

1. 针杆高度的调整

(1)调整标准　针杆高度调整标准如图 3-22 所示,针杆在下止点位置时,上侧的刻线与针杆下套的下端面平齐(两道刻线)。针杆过高,会造成跳针;反之,针杆过低,机针与弯针相碰。

(2)调整方法　针杆高度的调整如图 3-23 所示,解除停车后,用手转动带轮使针杆行至下止点,两道刻线的上侧刻线与针杆下套下端平齐,松开针杆挑线的固定螺钉 1 进行调整。对于旧型号的机器,还需要调整针杆上升时,使机针的固定螺钉 4 能够进入针杆下套的槽内。

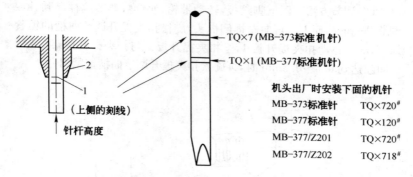

TQ×7 (MB-373标准机针)

TQ×1 (MB-377标准机针)

机头出厂时安装下面的机针

MB-373标准针	TQ×720#
MB-377标准针	TQ×120#
MB-377/Z201	TQ×720#
MB-377/Z202	TQ×718#

图 3-22　针杆高度调整标准

1. 刻线　2. 针杆下套

2. 弯针勾线的配合

(1)调整标准

①弯针时机如图 3-24 所示。针杆自下止点位置上升,当针杆的下刻线与针杆下套下端面一致时,弯针针尖恰好处于机针的中心线。

②机针与弯针的间隙如图 3-25 所示。弯针针尖与机针中心线一致时的间隙为 0.05~0.1mm。机针与弯针的间隙过大,会造成跳针;机针与弯针的间隙过小,根据缝

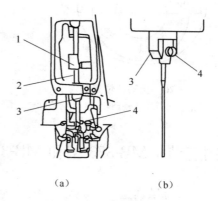

(a)　　　　(b)

图 3-23　针杆高度的调整

1、4. 固定螺钉　2. 针杆　3. 针杆下套

料的不同,会分别产生机针与弯针相碰、断针、弯针针尖磨损等不良现象。

③护针板与机针的间隙如图3-26所示。针杆在下止点位置时,护针板与机针的间隙为0.05～0.1mm。对于缝制厚料或接缝部位,护针板与机针的间隙调整取0.1～0.2mm。

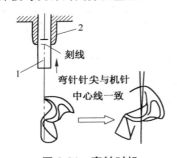

图3-24　弯针时机

1. 针杆　2. 针杆下套

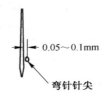

图3-25　机针与弯针的间隙

(2)调整方法　弯针勾线配合的调整如图3-27所示。

①弯针时机的调整。松开弯针安装轴的固定螺钉1,使弯针按旋转方向,在针杆的下刻线与针杆套的下端面一致时,弯针尖与机针的中心线一致后,旋紧固定螺钉1。

②针与弯针间隙的调整。弯针针尖对准机针中心线时,松开弯针连接套的固定螺钉2,调整好弯针的前后位置后,旋紧固定螺钉2。

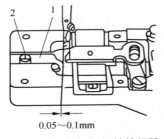

图3-26　护针板与机针的间隙

1. 护针板　2. 固定螺钉

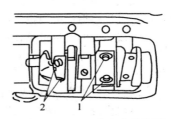

图3-27　弯针勾线配合的调整

1、2. 紧固螺钉

③护针板与机针的间隙调整。松开护针板的固定螺钉,按针杆于下止点位置时机针与护针板的间隙为 0.05～0.1mm 的要求,调整护针板前后位置后,旋紧固定螺钉。

3. 拨线板的时机

(1)调整标准　拨线板的时机如图 3-28 所示。

①拨线板左右运动时机如图 3-28a 所示,拨线板前行,当到达从右向左运动的起始点时,针杆的下降至高度为 53～58mm(TQ×7)(TQ×1 时为 43～48mm)。

②拨线板的前后运动时机如图 3-28b 所示,弯针尖通过三角形线环后,拨线板开始后退,其后退运动轨迹应沿三角形的斜边为宜。

③拨线板前后位置的调整如图 3-28c 所示,弯针针尖通过线环时,恰处于三角形线环的中心(4 孔纽扣以 9 针、10 针调整)。

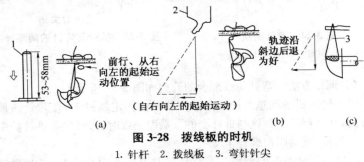

图 3-28　拨线板的时机

1. 针杆　2. 拨线板　3. 弯针针尖

(2)调整不当出现的问题　拨线凸轮时机不当出现的问题如图 3-29 所示。

①拨线三角凸轮的运动过晚,将发生断线、线头过长、线套、刹线不良;反之,过早将造成拨线板与机针相碰。

②拨线凸轮的时机过早,将使拨线板后退轨迹变得凸起,造成弯针二次挂线;反之,将使拨线板后退轨迹变得凹陷,造成机针与拨线板相碰。

③前后位置不良,将造成弯针二次挂线和机针与拨线板相碰。

(3)调整方法　如图 3-30 所示,拨线板的时机调整是在弯针勾线配合的调整完成之后进行。弯针安装轴的刻印与拨线凸轮、拨线三角凸轮的刻印对齐,并调节为同一直线后,将固定螺钉稍微紧固。

图 3-29　拨线凸轮时机不当出现的问题

(a)后退轨迹凸起　(b)后退轨迹凹陷

①左右运动的时机是以拨线三角凸轮的旋转方向进行调整。针杆高度比 58mm（48mm）高时，按旋转方向转动拨线三角凸轮调整；针杆高度比 53mm（43mm）低时，按其旋转方向的相反方向调整。同时，凸轮的前后位置，应使其中心与拨线板架的中心一致。

②前后运动的时机以拨线凸轮的旋转方向进行调整。拨线板后退时以沿三角形的斜边轨迹为

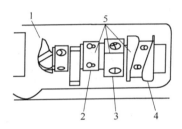

图 3-30　拨线板时机的调整

1. 弯针　2. 拨线三角凸轮

3. 弯针安装轴　4. 拨线凸轮

5. 刻印

宜。沿凸起状后退时，按逆旋转方向调整拨线凸轮；沿凹陷状后退时，按旋转方向调整拨线凸轮。

③拨线板的前后位置以前后移动拨线凸轮来调整。

4. 第二夹线器的浮动时机

第二夹线器的浮动时机如图 3-31 所示。

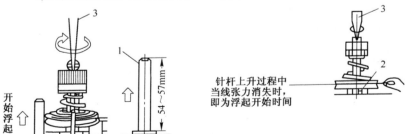

图 3-31　第二夹线器的浮动时机

1. 针杆　2. 螺母　3. 螺钉旋具

(1)调整标准   针杆上升至 54～57mm 时,第二夹线器开始浮起(TQ×1 时为 44～47mm)。松线时间过早,会发生留线过长、刹线不良;反之,造成断线。

(2)调整方法   松开第二夹线器夹线螺栓的固定螺母,用螺钉旋具按图 3-31 所示方法进行调节。

用手拉住通过第二夹线器的线,转动带轮,当感觉线张力消失时,即为夹线片开始浮起时间。

5. 扣夹的抬起高度与压力

(1)调整标准   扣夹抬起的高度与压力如图 3-32 所示。

①扣夹(压脚)抬起高度 a 值见表 3-3。

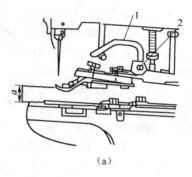

(a)

表 3-3 a 值

机型、缝型		扣夹抬起高度/mm
MB-373		9
MB-377	]字缝	8
	Z 字缝	8
	X 字缝	10

抬起高度过大,将造成线头过长,特别是对于 MB-373 型,会造成止缝刹线过紧、断线或脱线头;抬起高度过低时,造成线头过短,起针时,线头从针孔中脱出。

②扣夹压力调节螺母的位置如图 3-32 所示,调节为 4～5mm。

压脚(扣夹)压力过低,起缝时造成线头在缝料里侧有 10～20mm 不齐的现象。

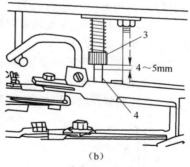

(b)

图 3-32   扣夹抬起的高度与压力

1. 起升挡杆   2. 固定螺钉
3. 螺母   4. 螺杆

(2)调整方法

①扣夹上升与切线刀的动作是联动的,断线时扣夹的升起高度决定了缝料里侧的留线长短(373/377)。调整是通过松开扣夹起升挡杆的固定螺钉 2、上下移动起升挡杆进行。

②扣夹压力是通过螺母 3 进行调节。

6. 第一夹线器夹线片

第一夹线器夹线片浮动如图 3-33 所示。

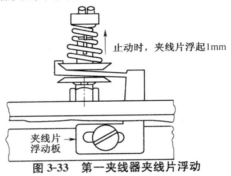

止动时,夹线片浮起1mm

夹线片浮动板

图 3-33　第一夹线器夹线片浮动

(1)调整标准　止动状态时,第一夹线器的夹线片浮动 1mm ,同时在缝制过程中,夹线器能动作。浮起量过大,造成缝制中夹线不起作用,钉扣松;浮起量过小,造成始缝时线头过短,甚至脱线。

(2)调整方法　止动时,前后调整浮动板使夹线片浮起。位置不正确会造成在缝制中夹线片处于浮起状态。

7. 夹线器配合的调整

(1)调整标准　夹线器配合的调整如图 3-34 所示。缝制中,夹线板 1 与夹线方柱 2 的间隙为 0.8～1.2mm (M-377 型为 0.4～0.8mm)。间隙过大,线头过短(留针上的线头);间隙过小,造成断针。

(2)调整方法　拆下左侧面板,松开夹线板摆动块的固定螺钉 4,左右移动摆动块 3 进行调节。调好后拧紧固定螺钉 4。

8. 针数调节凸轮的调整

(1)调整标准　针数调节凸轮的调整如图 3-35 所示。机器在止动状态时,辊套与凸轮凹槽的间隙为 0.8mm 。止动时的冲击大时,应加大间隙,在止动位置之前停止时应减小间隙。

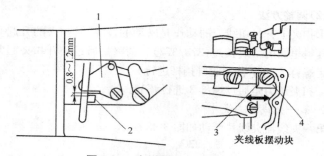

图 3-34   夹线器配合的调整

1. 夹线板   2. 夹线方柱   3. 摆动块   4. 固定螺钉

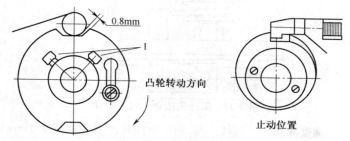

图 3-35   针数调节凸轮的调整

1. 固定螺钉

(2)调整方法   机器在止动状态时,松开针数调节凸轮的固定螺钉1,按其旋转方向转动凸轮进行调节。

9. 止动凸轮与止动杆的调节

(1)调整标准   止动凸轮扯动杆调整标准如图 3-36 所示。

①机器在运转中或从止动位置起3~4针时,止动凸轮与止动杆的间隙为 2.4mm。>2.4mm会造成进入止动状态不稳定;若

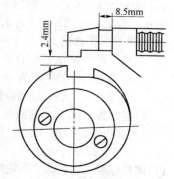

图 3-36   止动凸轮与止动杆调整标准

<2.4mm 时,会造成止动杆与止动凸轮在运转中,相碰或无法起车。

②止动杆与止动架的间隙为 8.5mm。>8.5mm 时,造成止动时冲击噪声大或止动杆脱出止动凸轮;若<8.5mm 时,会造成在止动时,止动凸轮的位置不稳定。

(2)调整方法　止动凸轮与止动杆的调整如图 3-37 所示。

①2.4mm 的调整。松开针数调节曲柄的固定螺钉 1,拆下驱动带轮压板及带轮,从进入止动状态开始的第 3~4 针时,用 2.4mm 的垫片或 3mm 的内六角扳手作定尺,垫在止动凸轮与止动杆之间后,紧固针数调节曲柄 2 的固定螺钉 1。应在针数调节曲柄未进入针数调节凸轮的凹部时,进行调节。

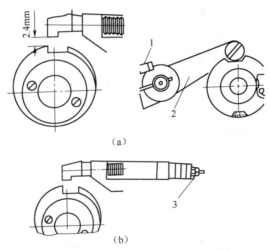

(a)

(b)

图 3-37　止动凸轮与止动杆的调整
1. 固定螺钉　2. 针杆调节曲柄　3. 调节螺母

②8.5mm 的调整。用止动弹簧的调节螺母 3 进行调节。

10. 送料凸轮配合的调整

(1)调整标准　送料凸轮配合的调整如图 3-38 所示。16 针(12 针)在止动时,送料凸轮外缘的刻点与机座上的定位指示销对准。前后送料凸轮与左右送料凸轮的位置不正确时,会造成流针现象。

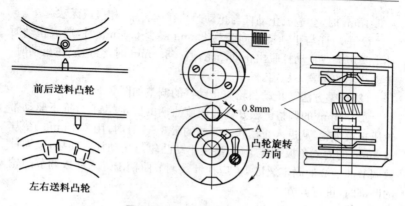

前后送料凸轮

左右送料凸轮

0.8mm

A

凸轮旋转方向

图 3-38　送料凸轮配合的调整

MB-377 型刻点位置不正确时,落针点不集中,不易形成同心落针,易绽线;刻点位置若向齿轮转动方向错位,会产生提针时送料不停止;刻点位置若向齿轮转动相反方向错位,会产生针下行时送料不停止(流针)。

(2)调整方法　将刻点与机座上的定位指示销针对齐后,用固定螺钉将其固定。调整后,用手转动带轮,在左右送料状态下,针杆向下运动,当针尖距针板上面约 13mm 时,务请停止送料。

11. 扣夹提升板的调整

扣夹提升板的调整如图 3-39 所示。

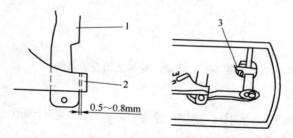

1

2

3

0.5～0.8mm

图 3-39　扣夹提升板的调整

1. 扣夹提升板　2. 扣夹提升摆架　3. 固定螺钉

(1)调整标准　机器在运转中,扣夹提升板 1 与扣夹提升摆架 2 的位置最近时,间隙为 0.5～0.8mm。止动时,抬不起扣夹。间隙太小,起动时扣夹提升板 1 与扣夹提升摆架 2 碰撞产生异常噪声。

(2)调整方法　松开扣夹提升板 1 的导向杆固定螺钉 3 进行调节。调好后,拧紧固定螺钉 3。

12. 驱动带轮压板的调整

(1)调整标准　驱动带轮压板的调整如图 3-40 所示,止动位置(带轮空转时)的间隙为 0.2～0.3mm。间隙过大,造成离合器打滑,不易起动钉扣机;间隙过小,起动踏板变重。

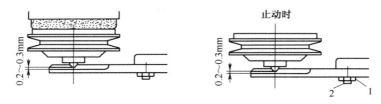

图 3-40　驱动带轮压板的调整

1. 固定螺母　2. 调节螺钉

(2)调整方法　松开驱动带轮压板的固定螺母 1,调整调节螺钉 2 的旋入深度即可调节压板间隙。调节螺钉 2 旋入,间隙变大。

13. 线量调节钩的调整

(1)调整标准　如图 3-41 所示,线量调节钩的调整应在机器止动状态时,过线杆与线量调节钩的尺寸为 8mm。量过大,始缝时线从料面跳出,同时第二针的线会残留在料里侧。量过小,第二针的线会从料面跳出。量太大时,还会与过线杆碰撞,造成断线。

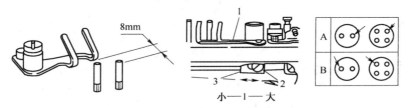

图 3-41　线量调节钩的调整

1. 线量调节钩　2. 固定螺钉　3. 摆动块

(2)调整方法　松开线量调节钩 1 的摆动块固定螺钉 2,左右移动摆动块 3 进行调节。调完后拧紧固定螺钉 2。

缝制结束时,自 A 部分箭头所示的孔有线头出来时,应向左调节线量调节钩 1 的摆动块 3;若自 B 部分箭头所示的孔有线头出来时,应向右调节。

二、切线机构的调整

1. 切线机构的组成

在缝制完成后,由于扣夹提升杠杆的驱动,使切线连接板(后)前行,动刀的分线爪分开线后,由切线刀切线。切线机构的组成如图 3-42所示。

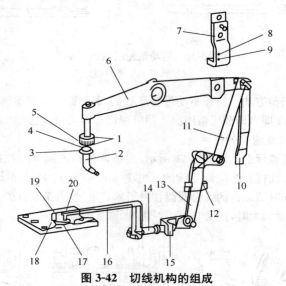

图 3-42　切线机构的组成

1. 动缓冲弹簧座　2. L 形提升杆　3. 弹簧座　4. 止动缓冲弹簧座
5. 止动缓冲垫　6. 扣夹提升杠杆　7. 线张力调节杆导线座　8. 调节螺钉
9. 调节螺钉螺母　10. 扣夹提升板　11. 切线连杆　12. 切线杆座　13. 切线杆
14. 切线连接肘节　15. 切线连接板(后)　16. 切线连接板(前)　17. 定刀
18. 动刀分线爪　19. 动刀　20. 针板

2. 动刀配合的调整

（1）调整标准　动刀配合的调整如图 3-43 所示，进入止动状态，扣夹完全提起时，切线连接板（前）1，与针板 2 沟槽端面的距离为 12～13mm（MB-377 型为 10.5～12.5mm）。调整值过窄（10mm 以下），由于止动时动刀越程动作会使分线爪与定刀或拨线板导向座碰撞而造成分线爪折断。调整值过宽（15mm 以上），机器在运转中，分线爪与拨线板导向座接触造成分线爪折损。

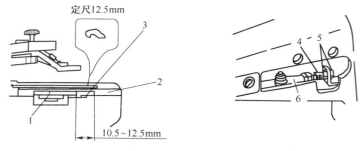

定尺12.5mm

10.5～12.5mm

图 3-43　动刀的配合调整
1. 切线连接板（前）　2. 针板　3. 定尺　4. 螺母　5. 联接螺钉　6. 切线连接肘节

（2）调整方法　放倒机头后，卸下防油板，松开螺母 4，前后调节联接螺钉 5 进行调整。另外，松开螺母 4 时，切线连接肘节 6 大致呈水平状态。该尺寸过大，使切线时间过晚，缝料里侧的线头会过长；该尺寸过小，使切线时间过早，会造成最后一针的剃线不良（易绽线）或因分线不良而造成同时切断两根线，或切不断线等切线不良现象。

切线机构是靠扣夹的压力弹簧来复位的。若压力弹簧被拆下，切线机构将无法复位，所以在拆下压力弹簧进行各项调整时，切勿起动机器。

3. 切刀分线钩高度的调整

（1）调整标准　切刀分线钩高度的调整如图 3-44 所示。分线钩与弯针的间隙为 0.5～0.7mm。分线钩太高，机针的线与缝料的线就不能确实分开，造成不断线或切断两根线，下次缝制时造成线从针中脱出。

（2）调整方法　从弯曲分线钩的端部来调整。

4. 扣夹提升杆与螺钉间隙的调节

(1)调整标准　扣夹提升杆与螺钉间隙的调节如图 3-45 所示。扣夹提升杆 1 的端面与调节螺钉 3 的间隙应调整为 0.5mm。

(2)调整方法　转动调节螺钉 3,使其与扣夹提升杆的间隙达到 0.5mm。调节后,用锁紧螺母 2 锁定。

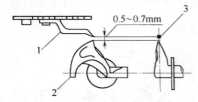

图 3-44　切刀分线钩高度的调整

1. 分线钩　2. 弯针　3. 分线钩的头部

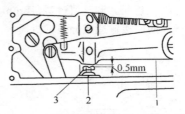

图 3-45　扣夹提升杆与螺钉间隙的调节

1. 扣夹提升杆　2. 锁紧螺母　3. 调节螺钉

5. L 形扣夹提升杆的安装

L 形扣夹提升杆的安装如图 3-46 所示。

①按动刀复位弹簧 1、缓冲垫座 3、缓冲垫 4、缓冲垫垫板 6 的顺序将这些零件装在 L 形提升杆 2 上。

②在确认完全进入止动状态后,机头部位应能与缓冲垫座密实接触,至无间隙时,将固定螺钉 5 紧固。

三、结线扣机构的调整

(MB-377 型专用)

1. 结线扣机构的组成

结线扣机构的组成如图 3-47 所示。

2. 线扣驱动板止动片的位置

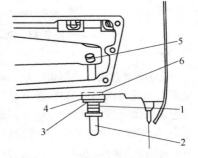

图 3-46　L 形扣夹提升杆的安装

1. 复位弹簧　2. L 形提升杆　3. 缓冲垫座
4. 缓冲垫　5. 紧固螺钉　6. 缓冲垫垫板

(1)调整标准　线扣驱动板止动片的位置如图 3-48 所示。止动时,线扣驱动板的从动辊轴与针数调节凸轮外缘的间隙为 1~1.5mm。间隙过大,线扣板的行程就变小;间隙过小,从动辊轴与针数调节凸轮的外缘接触,会造成线扣板与针板的不正常接触。

(2)调整方法　通过松开固定螺钉 1,调节止动片的位置进行调节,调好间隙后,拧紧固定螺钉 1。

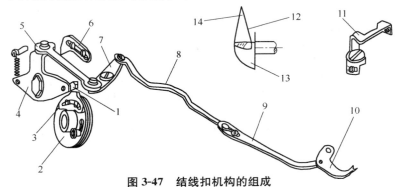

图 3-47　结线扣机构的组成

1. 线扣从动辊轴　2. 针数调节凸轮　3. 线扣凸缘板　4. 线扣驱动板
5. 线扣连杆　6. 线扣驱动板止动片　7. 刹线板　8. 线扣连板(大)　9. 线扣连板(小)
10. 线扣打结板　11. 刹线板　12. 线环　13. 弯针　14. 线扣板头部

3. 线扣凸缘板的位置

(1)调整标准　线扣凸缘板的位置如图 3-49 所示。在缝制到 14 针、针杆上升时,从针杆上套的端面至针杆的尺寸为 30～35mm(使用 TQ×7 机针时为 40～45mm)。若比规定的位置高,最后一针的刹线就

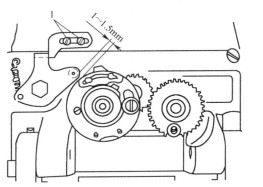

图 3-48　线扣驱动板止动片的位置

1. 固定螺钉

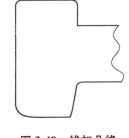

图 3-49　线扣凸缘板的位置

不紧。若比规定的位置低,线扣板因挂上提升前的线扣而使其不能结在缝料里面。

(2)调整方法　松开固定螺钉 1 进行调节,使线扣从动辊轴与线扣凸缘板相接触(图 3-48)。

4. 线扣打结板配合的调整

(1)调整标准　线扣打结板配合的调整如图 3-50 所示。线扣从动辊轴在线扣凸缘板的最外缘位置时,针与线扣板的间隙为 1～1.5mm(止动状态与落针孔的外圈大致一致,务必确认)。间隙过大,最后一针所结线扣的收线就松;间隙过小,有可能造成与机针相碰。

(2)调整方法　松开线扣连板的固定螺钉 3 进行调节,调好后,拧紧固定螺钉 3。

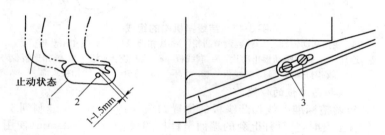

图 3-50　线扣打结板配合的调整

1. 落针孔　2. 针　3. 固定螺钉

5. 刹线板配合的调整

(1)调整标准　刹线板配合的调整如图 3-51 所示。止动时,过线片的端面与刹线板前端部位的间隙为 8～10mm。间隙过大,不断线;间隙过小,刹线松。

机器起动时(关掉电源后,踏一次踏板),过线片的过线孔应在刹线板的长孔范围内,务请确认。

(2)调整方法　松开刹线板的固定螺钉 1 进行调整,起动时的状态调整是通过松开过线片的固定螺钉 2 进行的。

6. 预备停止摩擦片配合的调整

(1)调整标准　预备停止摩擦片配合的调整如图 3-52 所示。针数调节杆的驱动辊轴到达针数调节凸轮的最外缘时(起动时),预备停止摩擦片与预备停止摩擦轮的间隙为 1～1.5mm。间隙过大,降低制动

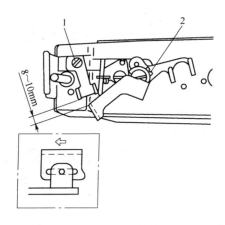

图 3-51　刹线板配合的调整

1、2. 固定螺钉

效果,止动时,止动凸轮出现异常撞击声音;间隙过小,制动过早起作用而使有可能不能进入止动状态。

(2)**调整方法**　松开预备停止板的固定螺钉 1 进行调整,调好后拧紧固定螺钉 1。

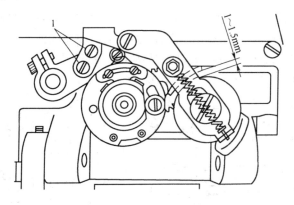

图 3-52　预备停止摩擦片配合的调整

1. 固定螺钉

第四节　MB-373 和 MB-377 型高速单缝钉扣机的调整

一、基本调整

1. 线张力的调整

线张力的调整如图 3-53 所示。第一线张力调整螺母 1 是调整纽扣强度用的,仅能调整极小的张力。第二线张力调整螺母 2 是调整背面的紧线程度的,其张力比第一线张力调整螺母 1 大,根据使用的机线、缝料、纽扣厚度等情况进行调整。向右转动各线张力调整螺母之后,线张力变大,向左转动则张力变小。

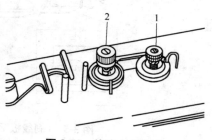

图 3-53　线张力的调整
1、2. 调整螺母

2. 线调整杆的调整

线调整杆的调整如图 3-54 所示。调整线调整杆 1 时,先把螺钉旋具插入左侧面板上的孔中,旋松固定螺钉 2,然后左右移动调整杆的活动滑块 3 进行调整。缝制结束,如果线头从 A 部箭头所示的孔中露出时,要把线调整杆活动滑块 3 向左移动,如果线头从 B 部箭头所示的孔中露出时,应把滑块向右移动,不让线头露出来。

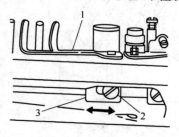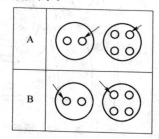

图 3-54　线调整杆的调整
1. 线调整杆　2. 固定螺钉　3. 活动滑块

3. 机针和弯针关系的调整

机针和弯针关系的调整如图 3-55 所示。

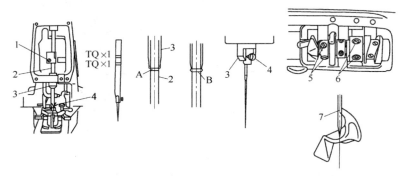

图 3-55 机针和弯针关系的调整

1、4、5、6. 固定螺钉 2. 针杆 3. 针杆下端块 7. 针尖 A—上刻线 B—下刻线

①把踏板踩到时底，沿转动方向驱动带轮，让针杆 2 落到最下点，然后旋松固定螺钉 1（决定钉针高度）。

②当用 TQ×1 机针时，使用上方的两条刻线，当用 TQ×7 机针时，使用下方的两条刻线，把其中的上刻线 A 对准针杆下端块 3 的下端，然后拧紧固定螺钉 1。这时应让机针固定螺钉 4 进入到沟槽里，以避免与针杆下端块 3 相碰（决定弯针的位置）。

③拧松固定螺钉 6，转动带驱动轮，把针杆 2 的两条一组的刻线中的下刻线 B 对准针杆下端块 3 的下端。

④在此状态，把弯针的针尖 7 对准机针的中心，然后拧紧固定螺钉 6。

⑤拧紧固定螺钉 5，把弯针间隙调整为 0.01～0.1mm，再拧紧固定螺钉 5。

4. 拨针器的调整

(1)调整标准 拨针器的调整如图 3-56 所示。运转时，把拨针器的方块 2 和拨针器 1 的间隙调整为 0.8～1.2mm，不让拨针器 1 压住机线。

(2)调整方法 松固定螺钉 4，左右移动拨针器活动滑块 3。

5. 针导向器的调整

(1)调整标准 针导向器的调整如图 3-57 所示。把机针和针导向

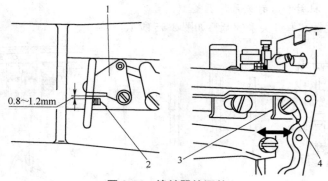

图 3-56 拨针器的调整

1. 拨针器 2. 方块 3. 活动滑块 4. 固定螺钉

器 1 的间隙调整为 0.05～0.1mm。

(2)调整方法 在针杆最下点,松固定螺钉 2,左右移动针导向器 1进行调整,调整好后拧紧固定螺钉 2。

6. 抓扣装置的高度

抓扣装置的高度如图 3-58 所示。在断开位置,纽扣抓脚 1 的底面和缝料压脚下板 2 上面的间隔 a,MB-373NS 的标准为 9mm。

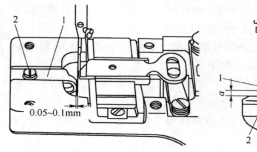

图 3-57 针导向器的调整

1. 针导向器 2. 固定螺钉

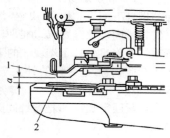

图 3-58 抓扣装置的高度

1. 纽扣抓脚 2. 压脚下板

7. 缝料压脚压力的调整

缝料压脚压力的调整如图 3-59 所示,缝料压脚的压力标准为转动螺母 1(两个螺母)的下端和压脚压力调整杆 2 螺纹部分的间隙在

4～5mm。

8. 抓脚打开拨杆的调整

抓脚打开拨杆的调整如图 3-60 所示。在断开状态,旋松固定螺钉1,用抓脚打开拨杆 2 开关打开抓脚 3,把纽扣设定到正确的位置。让纽扣容易放进、取出,然后拧紧固定螺钉 1。

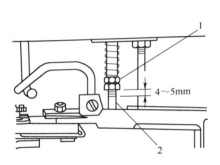

图 3-59 缝料压脚压力的调整

1. 螺母 2. 压脚压力调节杆

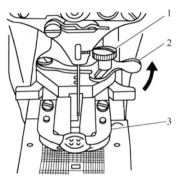

图 3-60 抓脚打开拨杆的调整

1. 固定螺钉 2. 抓脚打开拨杆
3. 打开抓脚

9. 松线同步时间的调整

(1)调整标准 松线同步时间的调整如图 3-61 所示,沿箭头方向拉机线,转动驱动带轮,有一个第二线张力盘浮起,机线迅速拔出的点。此时,从针杆上端块上面到针杆上端的高度为 53～56mm(MB-373NS)。

(2)调整方法 当频繁发生表 3-4 中所列异常现象时,应进行调整。

旋松螺母 1,把螺钉旋插入第二线张力杆,沿箭头方向转动,针杆高度降低,向相反方向转动,则升高。

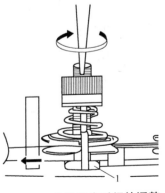

图 3-61 松线同步时间的调整

1. 螺母

表3-4 异常现象

现　象	针杆高度
布料反面的紧线不好时	
断开时断线	稍稍高一点
经常断线时	

10. 两眼和四眼扣的调整

两眼和四眼扣的调整如图 3-62 所示。首先,量一下纽扣孔间隔尺寸,四眼纽扣的纵送量和横送量值应设为相同。

调整纵送量时,向下压纵送调整杆 1,两眼纽扣设到"0"的位置,四眼纽扣时根据测定值进行设定。

调整横送量时,旋松螺母 2,把指针 3 对准横送调节板上相应的刻度,然后拧紧螺母 2。

应确认机针准确地落入纽扣各孔的中心后再运转缝纫机。

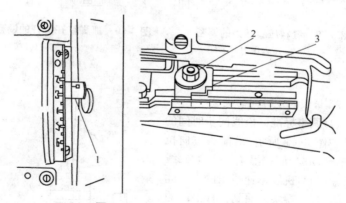

图 3-62 两眼和四眼扣的调整
1. 纵送调整杆　2. 螺母　3. 指针

11. 针数变更调整

针数变更调整见表 3-5。变更针数时,打开左侧防护罩,用针数调整旋钮 1 和针数调整拨杆 4 进行调整。另外,表 3-5 中的图示是卸下预备停止装置后的情况,不卸下来也能变换针数。

表 3-5　针数变更调整

针　数	图　示	调整方法
8针(6针)	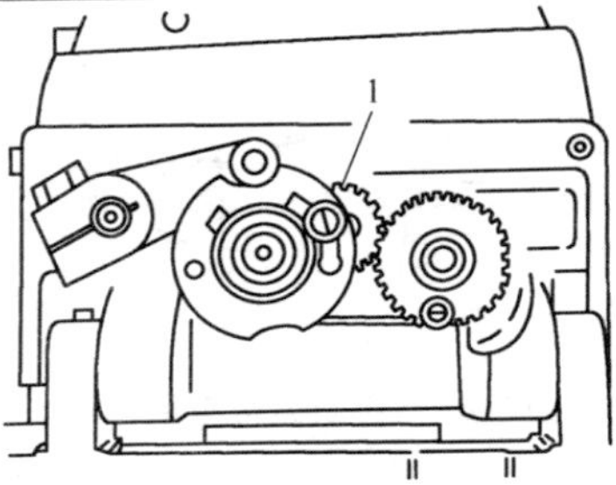 1. 针数调整旋钮	设定为 8 针时,应把针数调整旋钮 1 向前拉出,然后转到图示的位置
16针(12针)	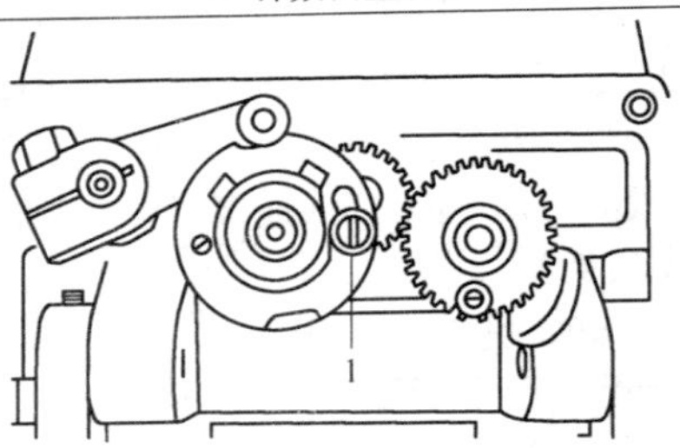 1. 针数调整旋钮	在设定为 8 针的状态下,把针数调整旋钮再继续向右转,把针数调整旋钮 1 设定到图示的位置
32针(24针)	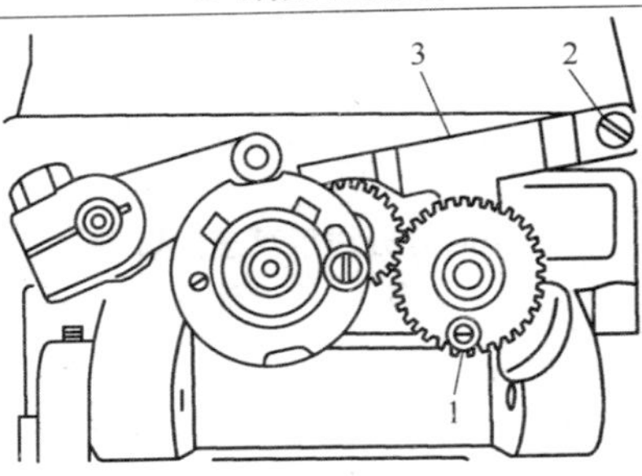 1. 针数调整齿轮螺钉　2. 螺钉 3. 针数调整拨杆	设定为 16 针的状态下,针数调整齿轮螺钉 2 转到下侧时,用螺钉 3 安装好针数调整拨杆 4

二、切线装置

1. 移动刀位置的调整

(1)调整标准　移动刀位置的调整如图 3-63 所示。分离后压脚上升到最高处时,切线连板(前)1 和针板 3 槽沟端面的间隙标准为 12.5mm。

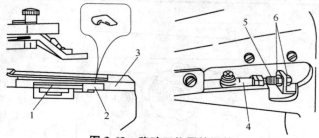

图 3-63　移动刀位置的调整

1. 切线连板(前)　2. 定位尺　3. 针板　4. 切线连接接头
5. 联接螺钉　6. 螺母

(2)调整方法　调整间隙 12.5mm 时,应使用附属品的定位尺 2。放倒缝纫机机头,卸下防油板,松开螺母 6(2 个),前后移动联接螺钉 5 进行调整。另外,拧紧螺母 6 时,注意切线连接接头 4 应基本保持水平。

2. 分线爪高度的调整

分线爪高度的调整如图 3-64 所示。

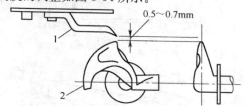

图 3-64　分线爪高度的调整

1. 分线爪　2. 弯针夹

(1)调整标准　分线爪 1 和弯针夹 2 的间隙为 0.5～0.7mm。

(2)调整方法　如果分线爪 1 高度不正确时,可弄弯分线爪 1 调整。

3. 提升拨杆和螺钉间隙的调整

提升拨杆和螺钉间隙的调整如图 3-65 所示,把 L 形提升拨杆 1 端面和调整螺钉 3 的间隙调整为 0.5mm。然后拧紧调整螺钉螺母 2。

4. L 形提升杆的安装

①L 形提升杆的安装如图 3-66 所示。按动刀复位弹簧 4、缓冲垫片 2、缓冲垫 1、缓冲垫片 5 的顺序安装到 L 形提升杆 3 上。

②在确认完全进入止动状态之后,让机壳的凸部和缓冲垫片 2 端面紧密结合,不要有任何松动,用螺钉 6 拧紧固定。

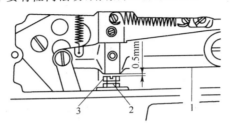

图 3-65　提升拨杆和调整螺钉的间隙

1.L 形提升拨杆　2. 螺母　3. 调整螺钉

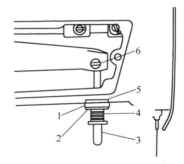

图 3-66　L 形提升杆的安装

1. 缓冲垫　2、5. 缓冲垫片　3.L 形提升杆　4. 复位弹簧　6. 螺钉

三、MB-373NS 的派生机型与附件

MB-373NS 的派生机型见表 3-6,其附件见表 3-7。

表 3-6　MB-373NS 的派生机型

MB373NS	MB-373NS-10	MB-373NS-11
8 针、16 针、32 针	8 针、16 针、32 针	8 针、16 针、32 针

表 3-7   MB-373NS 派生机型的附件

用途	平扣用		柄扣用		子母扣用
	大纽扣	中纽扣	一般	LEWIS 型	
MB-373NS	Z031	Z032	Z033	Z040	Z037
示意图	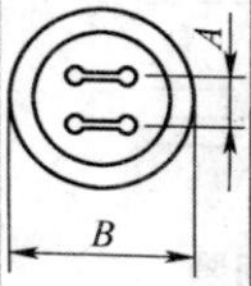	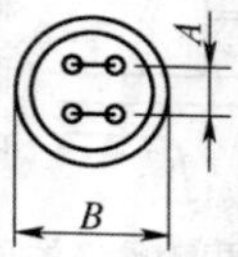	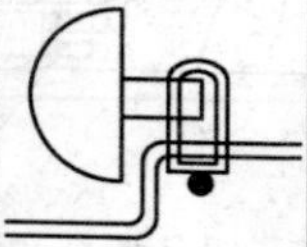	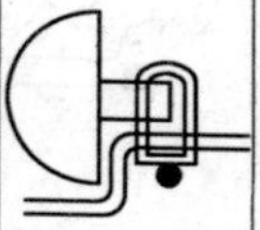	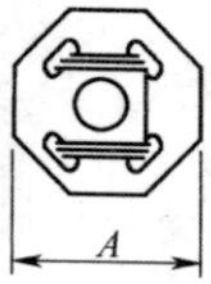
备注	纽扣尺寸 A：3 ～ 6.5mm B：φ20～φ28mm	纽扣尺寸 A：3 ～ 5mm B：φ12～φ20mm	纽扣直径：16mm 柄尺寸 厚：6.5mm，宽：3mm,2.5mm	纽扣尺寸与 Z003（Z033）相同，可以对应柄形状的变化进行一些调整	A：8mm
用途	纽扣绕线用		金属纽扣用	力扣用	钉标牌
	第1工序	第2工序	一般		
MB373NS	Z004	Z035	Z038	Z039	Z044
示意图	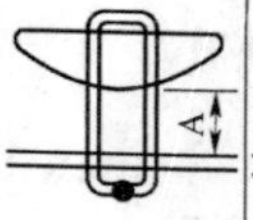	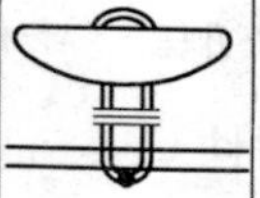	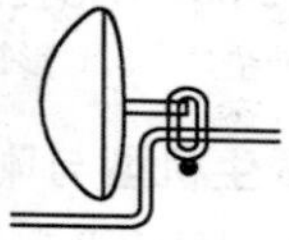	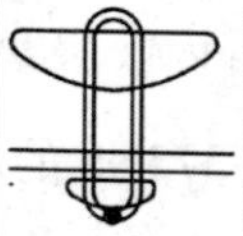	
备注	钉扣高度 A：5.5mm			与 Z004 共通	折边宽度：3～6.5mm

安装附件前的拆卸如图 3-67 所示。安装各个附件时，有时必须卸下抓扣装置1、料压脚下板2。这时要先卸下抓扣装置安装轴4上的螺母，卸下料压脚下板2上的固定螺钉3。

1. **柄扣（珍珠扣）钉扣附件（Z033、Z040）**

（1）安装方法　柄扣钉扣附件的安装如图 3-68 所示。

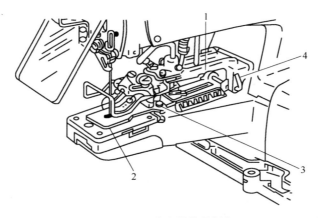

图 3-67　安装附件前的拆卸

1. 抓扣装置　2. 料压脚下板　3. 固定螺钉　4. 轴

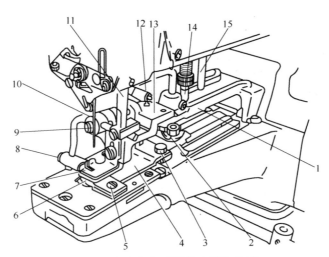

图 3-68　柄扣钉扣附件的安装和使用

1. 抓扣装置　2、3、5、8、9. 固定螺钉　4. 料压脚下板台　6. 料压脚下板
7. 抓脚　10. 转动轴　11. 纽扣压开杆　12. L 形提升杆凸块
13. 抓脚安装台　14. 压力调节杆　15. 抓扣装置止动销

①卸下抓扣装置和料压脚下板,安装上柄扣(珍珠扣)用抓扣装置 1。

②旋松固定螺钉 2,前后移动抓脚安装台 13,让机针正好落在抓脚 7 的落针沟中间。

③让柄扣(珍珠扣)用料压脚下板台 4 正好落在落针沟中间,然后用固定螺钉 3 固定。

④把纽扣压开杆 11 插进机壳凸部的孔里,再用固定螺钉 3 固定。

使用 Z040 时,还要更换压脚压力调整杆 14 和抓扣装置止动销 15。

(2)使用方法　柄扣钉扣附件的使用如图 3-68 所示。

①拧紧固定螺钉 5,把料压脚下板 6 拉到离抓脚 7 左端面0.5～1.0mm 的地方,然后拧紧固定螺钉 5。

②装上纽扣,旋松固定螺钉 9 和 8,调整纽扣压脚使其稍稍压住纽扣的中心。

③拧紧推力环固定螺钉转动推力环,调整纽扣压脚压力不让纽扣移动。

注意:转动推力环后,不要让转动轴 10 在轴方向产生松动。抓扣装置上升时,应调整抓扣装置的提升钩和抓扣装置止动销 15,让 L 形提升杆凸块 12 和抓脚安装台 13 不相碰。

2. 绕线钉扣第一工序(钉扣工序)用附件(Z004)

(1)安装方法　附件 Z004 的安装如图 3-69 所示。用安装螺钉 2 和导销螺钉 3 把绕线用爪固定到普通的纽扣抓爪部位。此时,把纽扣抓爪 1 安装到纽扣中心左右均等的位置。

(2)使用方法　与钉普通的平扣一样,但是从纽扣到料之间的距离变长了,所以需要调节线调节拨杆把拉线量延长(参照"线调整杆的调整")。

3. 绕线钉扣第二工序(绕线工序)用附件(Z035)

(1)安装方法　附件 Z035 的安装如图 3-70 所示。

①卸下抓扣装置、压脚压力调整杆和布压脚底板,安装绕线第二工序用附件。

②卸掉 L 形拉杆,按照移动刀复位弹簧 2、缓冲垫圈 1、缓冲缓衡

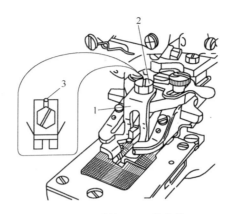

图 3-69　附件 Z004 的安装

1. 纽扣抓爪　2. 安装螺钉　3. 导销螺钉

器 3、缓冲垫圈 1 的顺序安装。

　　③确认完全分离之后,把机壳和缓冲缓衡器 3 的端面紧紧地安装
起来,不让它有松动。

　　④更换纵送料刻度板。

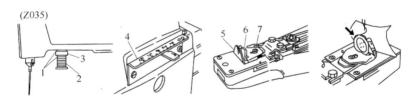

图 3-70　附件 Z035 的安装和使用

1. 缓冲垫圈　2. 复位弹簧　3. 缓冲缓衡器　4. 纵送料刻度板　5. 绕线部件(大)
6. 绕线部件　7. 安装螺钉

　　(2)使用方法　　附件 Z035 的使用如图 3-70 所示。

　　①旋松安装螺钉 7,将绕线部件(大)5 和绕线部件 6 移动到落针位
置的中心,调整绕线长度。

　　②把纽扣放进,把线从箭头部位穿进。

　　③把纵送料刻度设为"0"。但是,Z035 机种 16 针时,纵送料刻度

设为 1.5mm。

4. 钉金属扣附件的安装与使用

(1)安装方法　钉金属扣附件的安装如图 3-71 所示。

①卸下抓扣装置和料压脚下板,安装金属扣用抓扣装置 1。

②旋松固定螺钉 2,前后移动抓爪安装台 17,让机针正好落在抓爪 8 的落针沟的中间。

③用固定螺钉 3 固定金属扣用料压脚下板 4,让机针正好落在压脚下板 7 的落针沟中。

④把纽扣压开杆 14 插进机壳头部的孔里,然后用固定螺钉 15 拧紧固定。

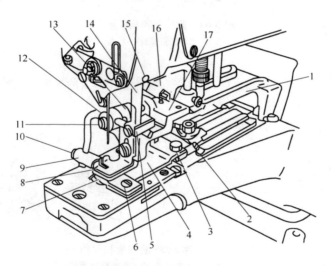

图 3-71　钉金属扣附件的安装与使用

1. 抓扣装置　2、3、6、10、11、15. 固定螺钉　4. 料压脚下板　5. 纽扣压脚打开凸轮
7. 压脚下板　8. 抓爪　9. 纽扣压脚　12. 旋转轴　13. 转动轴环脚打开凸轮
14. 纽扣压开杆　16. L形提升杆凸轮　17. 抓爪安装台

(2)使用方法　钉金属扣附件的使用如图 3-71 所示。

①旋松固定螺钉 6,把压脚下板 7 从抓爪 8 的左端面拉进1.0～1.5mm,然后拧紧固定螺钉 6。

②安放纽扣,旋松固定螺钉 11 和 10,让纽扣压脚 9 正好压住纽扣的中心。

③旋松固定螺钉,调整转动轴环 13,让纽扣压脚 9 的压力确保在缝制过程中纽扣无法移动。

④把纽扣压脚打开凸轮 5 移动到使用位置后固定。

转动轴环时,旋转轴 12 的轴向不能有松动。抓扣装置上升时,L形提升杆凸轮 16 和抓爪安装台 17 不能相碰。

5. 钉子母扣附件(Z037)

钉子母扣附件的安装如图 3-72 所示。

①卸下抓扣装置和料压脚下板,横送料刻度和纵送料刻度设定为"4mm"以后,安装子母扣,用下料压板 5,让针均匀地落到四角孔里。

②在子母扣抓脚抓住子母扣的状态,安装上子母扣抓扣装置 2,让机针正确地落到扣孔里。

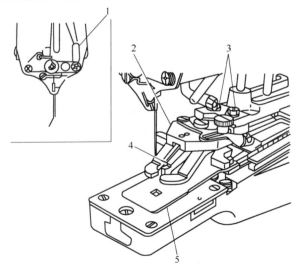

图 3-72　钉子母扣附件的安装

1. 第三导线器　2. 抓扣装置　3. 螺钉　4. 纽扣导爪　5. 下料压板

③如果落针不正确的话,旋松螺钉 3 进行调整。

④必须确认下料压板 5 的凸形和子母扣用纽扣导爪 4 下面的凹形是否完全一致。

⑤另外,第三导线器 1 也换成子母扣专用的。

第五节　MB-373NS 单缝钉扣机的调整

一、基本调整

1. 拨针器的调整

拨针器的调整如图 3-73 所示。

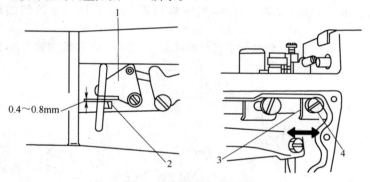

0.4～0.8mm

图 3-73　拨针器的调整

1. 拨针器　2. 方块　3. 滑块　4. 固定螺钉

(1)调整标准　运转时,把方块 2 和拨针器 1 的间隙调整为 0.4～0.8mm,不让拨针器 1 压住机线。

(2)调整方法　拨松固定螺钉 4,左右移动拨针器活动滑块 3 调整,调整完拧紧固定螺钉 4。

2. 面板线张力器的调整

面板线张力器的调整如图 3-74 所示。始缝形成了缝迹时,从途中开始缝,调整线调整杆(参照 MB-373NS 使用说明书)仍不能纠正时,进行调整;始缝不能形成缝迹时,可转动旋钮螺母 1(双螺母),减小线张力。

3. 抓扣装置高度的调整
（图 3-75）

(1)调整标准　在断开位置,纽扣抓脚 1 的底面和布压脚下板 2 上面的间隔 a 应为 8mm(]字,Z 字),10mm(X 字)。

(2)调整方法　旋松抓脚提升钩固定螺钉 3,上下移动抓脚装置提升钩 4。

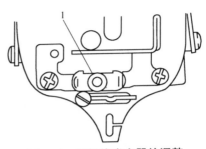

图 3-74　面板线张力器的调整
1. 螺母

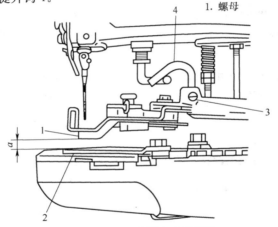

图 3-75　抓扣装置高度的调整
1. 纽扣抓脚　2. 布压脚下板　3. 固定螺钉　4. 提升钩

4. 松线同步时间的调整

(1)调整标准　沿箭头方向拉机线,转动驱动带轮,有一个第二线张力盘浮起、机线迅速拔出的点。此时,从针杆上端块上面到针杆上端的高度应为 44~46mm。

(2)调整方法　松线同步时间的调整如图 3-76 所示。旋松螺母 1,把螺钉旋具插入第二线张力杆,沿箭头方向转动,针杆高度变低;向相反方向转动,则变高。

5. 结线装置的调整

(1)结线曲轴挡块的调整　结线曲轴挡块的调整如图 3-77 所示。

①调整标准:分离时,结线曲轴凸轮的外周和针数调整凸轮的外周之间的间隙为 1～1.5mm。

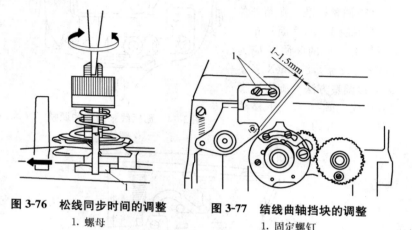

图 3-76　松线同步时间的调整
1. 螺母

图 3-77　结线曲轴挡块的调整
1. 固定螺钉

②调整方法:旋松固定螺钉 1 进行调整。达到标准后,拧紧固定螺钉 1。

(2)结线打结的调整　结线打结的调整如图 3-78 所示。

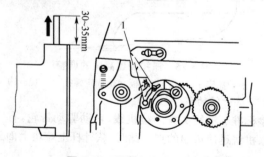

图 3-78　结线打结的调整
1. 固定螺钉

①调整标准:在第 14 针针杆上升时,针杆上端至金属部件端面为 30～35mm(使用 TQ×7 机针时为 40～45mm)。

②调整方法:旋松固定螺钉 1,让结线曲轴凸轮与打结器相接触。

打双线结时(无连线),应调整第6针和第14针。

(3)结线连接板的调整　结线连接板的调整如图3-79所示。

①调整标准:结线曲轴的凸轮转到打结器的最外周时,机针2和结线板3之间的间隙为1~1.5mm。

②调整方法:旋松固定螺钉1进行调整。达到标准后拧紧固定螺钉1。调整后应确认机针和结线板不能相碰。

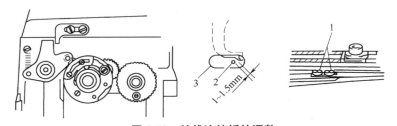

图3-79　结线连接板的调整
1. 固定螺钉　2. 机针　3. 结线板

6. 切线装置的调整

(1)调整标准　切线装置的调整如图3-80所示。分离后压脚上升到最高处时,切线连接板(前)1和针板2槽沟端面的距离为10.5~12.5mm。

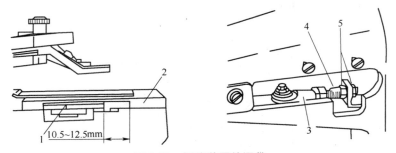

图3-80　切线装置的调整
1. 切线连接板(前)　2. 针板　3. 切线连接接头　4. 联接螺钉　5. 螺母

(2)调整方法　放倒缝纫机机头,卸下防油板,旋松螺母5(2个),前后移动联接螺钉4进行调整。调整好后拧紧螺母5。注意切线连接接头3应基本保持水平。

7. 紧线拨杆的调整

(1)调整标准　紧线拨杆的调整如图 3-81 所示。使线张力导线器 2 的端面和紧线拨杆 4 的端面距离为 8～10mm。

(2)调整方法　在分离时,旋松固定螺钉 1,调整达到标准后,拧紧固定螺钉 1。

注意:调整后,需确认起动时线道在如图 3-81b 所示的长孔范围内。如果不正确时,应松开线张力导线器固定螺钉 3 进行调整。

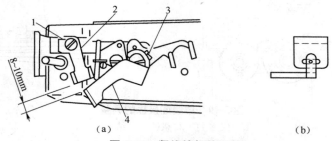

（a）　　　　　　　　　　　（b）

图 3-81　紧线拨杆的调整

1、3. 固定螺钉　2. 线张力导线器　4. 紧线拨杆

8. 附件安装

附件安装如图 3-82 所示。

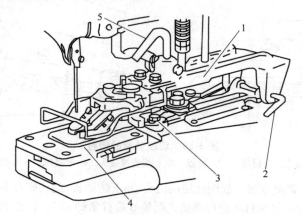

图 3-82　附件安装

1. 抓扣装置　2. 安装轴　3. 固定螺钉　4. 料压脚下板　5. 提升钩

①安装各附件时,有的机型需要拆卸抓扣装置 1、料压脚下板 4。

②抓扣装置 1 可以通过卸下安装轴 2 上的拉环拆卸,料压脚下板 4 可以通过卸下固定螺钉 3 拆卸。

MB-373NS 型附件的不同之处是只有抓扣装置提升钩 5。

二、MB 系列钉扣机的装配

现以 373 型钉扣机机头为例介绍装配的主要工序及主要机构的装配技术要求。

(1)下轴部件装配

①检查机壳外观,不允许有流漆、碰漆,坏漆面积应≤1mm^2。

②在套表面涂上 603 胶水,在套下面垫上高度块,敲针杆下套。

③在套表面涂上 603 胶水,套的上端面和机壳相平,敲针杆上套。

④在套表面涂上 603 胶水,敲提升杆轴轴套。

⑤松开机头和底座拼装螺钉,将机头和底座分开。

⑥油孔向上,套前端面高出机壳 2mm,油孔对准机壳油孔,套表面涂上 603 胶水,敲下轴前轴套。

⑦油孔向上,套右端面高出机壳 2mm,油孔对准机壳油孔,套表面涂上 603 胶水,敲下轴后轴套。

⑧油孔向上,套表面涂上 603 胶水,套轴肩和机壳平面相平,敲凸轮轴左套。

⑨油孔向上,套四周涂上 603 胶水,敲凸轮轴右轴套。

⑩套表面涂上 603 胶水,敲驱针滑轮轴左轴套。

⑪敲驱针滑轮轴右轴套。

⑫分别将下轴、凸轮轴、驱针滑轮轴放入已敲好的对应套中,要求轴在套中能灵活转动,无扎点、死点。

⑬敲凸轮指示销,要求指示销不得松动。

⑭敲凸轮指示销,再将螺钉拧入机壳,拧紧螺母。

⑮依次将挡圈、上轴从动齿轮、端面球轴承、垫圈装入下轴,挡圈和上轴从动齿轮靠紧机壳端面,再拧紧各螺钉。要求下轴不得有前后松动现象,齿轮表面涂上润滑脂。

⑯将止动圆盘组件固定在驱针滑轮轴上,拧紧螺钉。要求止动圆盘螺纹孔与驱针轴上孔对齐。

⑰将驱针滑轮轴装入轴套,并依次装上滚动轴承、垫圈、连杆、偏心凸轮、从动齿轮组件、偏心轮组件。要求各零件的紧固螺钉在一条线上,齿轮间隙≤0.05mm,齿轮间不得有死点。

⑱将曲柄杠杆轴装到机壳对应的孔中,拧紧螺钉。

⑲依次将交叉送料凸轮、凸轮轴从动齿轮(蜗轮)、滑动滚筒、纵向送料凸轮,凸轮靠紧轴套,拧紧螺钉。要求凸轮轮不得有前后松动。

⑳将轴位螺钉放入交叉送料杆中,再将螺钉拧入机壳螺纹孔中并拧紧,将螺钉穿过垫圈、交叉送料杆、凸轮滚碾并拧紧。要求交叉送料杆能灵活地左右摆动,转动滑轮轴,凸轮滚碾在凸轮里能灵活滑动,无死点,滚碾与凸轮左右间隙≤0.05mm。

㉑将纵向送料杆滑块组件用杆销固定在机壳上。要求纵向送料滑块组件能灵活转动。

㉒将凸轮滚碾螺栓装入垫圈、凸轮滚碾,再将螺栓拧入纵向送料杆滑块组件中,并使凸轮滚碾刚好在纵向送料凸轮槽中,拧紧凸轮螺栓,最后拧紧螺钉。要求转动驱针滑轮轴、凸轮滚碾在纵向送料凸轮中灵活滑动,无死点。

㉓将齿轮轴拧入机壳对应的螺纹孔中,装上选线直齿轮。要求齿轮和齿轮配合灵活,无死点,齿轮间隙≤0.05mm。

㉔将止动凸轮组件装入到凸轮轴中,拧紧螺钉。要求止动组件上的齿轮和选线齿轮配合轻松,齿轮间隙≤0.05mm。

㉕用铆钉将交叉送料刻度盘固定在机壳上。

(2)切线杆机构、过线杆机构、针杆机构装配

①将切线杆底座用螺钉固定在机壳上,将双头螺栓固定拧进机壳螺纹孔中。

②装切线杆组件,要求各部位能灵活转动。

③将组装好的切线杆安装到切线杆底座上,拧紧螺钉。

④将组装好的送料调节连接体和切线杆连接起来,拧紧螺母。

⑤将滑板连接杆用螺钉固定在滑板滑床板上,要求滑板连接杆能灵活转动。

⑥将十字形送料连接杆一端用螺钉固定在交叉送料杆上,另一端用螺钉固定在滑板滑床板上。

⑦将中部连接杆和手柄用合页螺钉固定在滑板连接杆上,同时手

柄另一端孔固定在纵向送料杆滑块上,中部连接杆固定在双头螺栓上,拧紧螺母。

⑧将合页螺钉放进机壳槽中,再依次在上面装上指示器销轴承座、交叉送料指示器、交叉送料指示器销,最后拧紧螺母。

⑨将指示器用螺钉固定在指示器手柄上,同时将指示器孔和纵向送料杆滑块组件销对齐。

⑩将油毡放在蜗杆上,并垫上垫圈,用螺钉固定在机壳上。

⑪将机壳底座安装在机器次底座上。

⑫分别将 L 形导线钩、夹线圆盘销、导线钩敲进机壳上节中。将 1 号夹线器组件拧入机壳中,夹线板开口槽卡住导线钩。要求不得有松动、脱落现象。

⑬用螺钉将引线杆组件固定在机壳上。

⑭用螺钉将导线装置固定在机壳上,要求导线装置能灵活转动。

⑮将夹线座弹簧放入夹线座中,并用螺钉将夹线座固定在机壳上。

⑯用螺钉将 2 号导线钩固定在机壳上。

⑰用螺钉将夹线杆驱动板组件固定在机壳上,要求夹线杆驱动板组件能灵活转动。

⑱将夹线杆弹簧螺钉固定在夹线杆上,再分别用螺钉将夹线杆底座、夹线杆底座(后)固定在夹线杆上。

⑲将装配好的夹线杆的一端装入夹线杆驱动杆,将夹线杆滑块固定在机壳上,同时使夹线杆能在夹线杆滑块上滑动,再装上螺钉,拧紧螺母。要求夹线杆能前后灵活运动。

⑳用弹簧将夹线杆和夹线杆滑块连接起来。

㉑将释压杆用螺钉固定在夹线杆上。

㉒把提升杆轴、纽钳提升杆装入机壳。

㉓用垫圈、弹簧将纽钳提升杆挂在机壳上。

㉔将针杆装到提升杆轴上,拧紧螺钉。

㉕将机壳上节和底座用螺钉拼装起来,并固定在机器次底座(油盘)上。

㉖将纽钳提升杆、啮合纽钳提升杆连接杆、纽钳提升连接杆用合页螺钉组装起来。要求各零件能灵活转动,不得有卡死现象。

㉗将上一步组装好的零件组装到曲柄杠杆轴上,先不要拧紧螺钉。

㉘用合页螺钉将连杆固定在针棒杆上,并拧紧螺钉。要求连杆和针杆能灵活转动。

㉙将纽钳提升杆驱动离心组件、挡圈分别装到曲柄杠杆轴上,同时将纽钳提升驱动离心组件开槽处卡到偏心轮上,然后拧紧螺钉。

㉚用螺钉将纽钳提升杆一端、切线连杆、纽钳提升杆固定在一起。要求各零件能相对灵活转动。

㉛将针杆轴衬座装到针杆上,再将针杆轴承座钳装到针杆上,并将它装到针杆轴衬座上,再将导线钩用螺钉固定在针杆轴承座钳上。

㉜将夹线螺栓穿过弹簧、盖板,再用 E 形挡圈卡到螺栓轴槽里。

㉝将上步装好的盖板用螺钉固定在机壳上,在盖板上装上第三导向装置,再分别将第三夹线底座、第三夹线弹簧、E 形挡圈装到第三导向装置上。用螺钉将第四导向装置固定在机壳上,用螺钉将面板线钩固定在面板上。

㉞用螺钉将纵向送料刻度盘固定在机壳相应的位置上。要求下压手柄指示弹簧,能在刻度盘内灵活移动。

㉟将止动柱塞、圆盘弹簧、橡胶垫圈、垫圈、调节螺母、止动柱塞杆组装起来。

㊱用螺钉将减速杆组件、止动分离杆凸缘滚碾固定在止动分离杆上。要求止动分离杆凸缘滚碾能灵活转动。

㊲将滚针轴承装入驱针转筒滑轮一端的孔中,垫上滑油绳,将密封垫套到驱针滑轮上,再将另一个滚针轴承装入驱针转筒滑轮另一端孔中。要求滚针轴承里必须涂上润滑脂。

㊳将螺钉拧入止动圆盘压力杆,拧紧螺母。

㊴将 1 号导线钩用螺钉固定在机壳上。要求过线孔必须用丝线拉光,去毛刺。

㊵将 2 号夹线器拧入机壳。

㊶将螺钉拧入机壳相对应的位置中。

㊷将装配好的止动柱塞杆装到止动杆轴上。

㊸将装配好的减速杆装到止动杠杆轴上,同时将减速杆组件的另一端用螺钉固定在曲柄杠杆轴上,拧紧螺钉。要求减速杆组件能转动,

无卡死现象,调整旋钮能进行 8 针、16 针调整。

㊹用螺钉将滑轮离合器组件固定在止动圆盘组件上。

㊺放倒机壳将弹簧放入驱针滑轮轴中,涂上润滑脂,将小滚珠放到弹簧上。

㊻将装配好的驱针转筒滑轮组件沿驱针滑轮轴装到滑轮离合器组件上,压紧驱针转筒滑轮组件,并把大滚珠放进凹槽中,再将装配好的止动圆盘压力杆一端固定在止动柱塞杆上,另一端压紧大滚珠,拧紧螺钉。要求压紧驱针转筒滑轮,钢珠和止动圆盘压力杆间隙为 0.6～0.8mm,把踏板踏到底,转动驱动带轮,不得有打滑现象。

㊼将止动杆恢复弹簧一端挂在螺栓上,另一端挂在止动杆恢复弹簧销上。

㊽将摩擦片弹簧一端挂在减速杆组件的传动轴上,另一端挂在减速杆上。

㊾将纽钳提升杆滚筒装到纽钳提升杆上,垫上垫圈,拧紧螺母。再将组装好的纽钳提升杆穿过安全弹簧,垫圈、缓冲垫装到纽钳提升杠杆中,拧紧螺钉。

(3)勾线机构装配(对弯针)

①将机器次底座(油盘)用螺栓固定在台板上,再放上滴油毡。

②先将止动分离杆、止动分离杆座组装好,再用螺栓将其装到油盘上。将弹簧放入油盘孔中,用止动分离杆压紧弹簧,挂上链条。

③将滑轮盖合页杆分别穿过右滑轮盖、机器次底座、机壳底座,拧紧螺钉。再将盖板卡簧装到机壳上。要求滑轮盖能灵活开启,关闭时卡簧能卡紧滑轮盖。

④将滑轮盖合页杆分别穿过左滑轮盖、机器次底座、机壳底座,拧紧螺钉,再将盖板卡簧装到机壳上。要求滑轮盖能灵活开启,关闭时卡簧能卡紧滑轮盖。

⑤将钩圈、挡圈、环形凸轮装到连接轴上,拧紧螺钉,再将连接轴、后凸轮装到下轴上。将机针装入到针棒孔中,拧紧螺钉。要求针杆上下松动不得超过 0.2mm,环形凸轮上的刻度线和连接轴的刻度线对齐。

⑥把踏板踩到底,转动驱动带轮,使针杆落到最低点,机针尖处于

弯针中心。

⑦调整机针与弯针间隙为 0.01～0.1mm，再拧紧螺钉。

⑧装上导向线杆到机壳槽中，拧上螺钉，调整导向线杆位置，使其与机针的间隙为 0.05～0.1mm。

⑨将导向卡箍用螺钉固定在机壳滑槽中。要求导向卡箍表面涂上润滑脂。

⑩将插入导向滑板装到导向卡箍中，同时使其凹槽卡住环形凸轮。要求导向滑板在导向卡箍槽中能灵活滑动，间隙≤0.03mm。

⑪将滚环装入环形弹位杆中，并放入后凸轮的槽中，再用螺钉将环形弹位杆固定在机壳上。要求滚环能在后凸轮槽中灵活滑动，无卡点，间隙≤0.05mm，环形弹位杆能灵活转动。

⑫在插入导向滑板槽上涂上润滑脂，再装上滑块，同时使环形弹位杆轴位在滑块槽中能灵活滑动，间隙≤0.05mm。要求滑块能在导向滑板槽中灵活滑动，间隙≤0.05mm。

⑬用螺钉将针板固定在机壳上，并将前切线连接杆装到针板可动刀的销子上。

⑭用螺钉、垫上隔离板将送料板固定在滑板滑床板上。要求转动驱针滑轮轴送料板能灵活地在针板上滑动，且与针板间隙为0～0.1mm。

⑮将纵向送料刻度标盘粘在刻度盘上，同时在手柄指示弹簧箭头标记处涂上红漆。要求下压手柄指示弹簧能在纵向送料刻度盘底座中灵活滑动。

⑯机壳两侧分别用螺钉将盖板卡簧固定在机壳上。

⑰在左右滑轮盖上装上螺钉。要求螺钉能刚好卡住卡簧，左右滑轮盖能自由开启。

(4)纽钳座、整车装配

①用螺钉将纽钳杆座组件、纽钳座组装起来，再将手指保护架装到纽钳座上，最后再用螺钉将纽钳提升杆固定在纽钳座中。要求纽钳杆座不得有明显松动现象，止动杆能灵活开启。

②将组装好的纽钳座用合页销固定在滑板滑床板上，装上轴用挡圈，将纽钳调压杆穿过调压弹簧，装有弹簧的一端放入机壳沉孔

中,压紧弹簧另一端放进纽钳座凹槽中。要求在断开位置,纽钳抓脚的底面和送料板的距离为 3mm,纽钳座组件不得有明显松动现象。

③将螺钉、螺母装到选线杆上,再用螺钉将选线杆和调整板固定在机壳上。要求选线杆能灵活转动。

④用螺钉将右盖板装到机壳上,用联接螺栓将机器和机器次底座固定在一起。

⑤用螺钉将左盖板装到机壳上,装上橡胶塞。

⑥用螺钉将底座油封固定在机壳下面,用螺钉、碟形垫圈将底座活动盖固定在机壳下面。要求底座活动盖能自由开启。

⑦调整 1 号夹线器、2 号夹线杆组件、导线钩;1 号夹线器螺母是调整钉扣强度用的,调整张力小;2 号夹线器调整螺母是调整背面的紧线程度,调整张力大。

⑧在停车位置用导线装置压紧夹线座,同时使夹线螺栓和放线螺母的间隙为 3mm,安装夹线螺栓到底,夹线螺栓能顶开放线螺母。

⑨按照纽扣孔横向距离的大小,沿刻度盘调节指示器位置。

⑩按照纽扣孔竖向距离的大小,沿刻度盘调整手柄及指示弹簧的位置。

⑪调整机针、送料、停车同步。调整纵送料凸轮和交叉送料凸轮位置,使其上的标记点和机壳上的凸轮指示销对齐。当机针从开始的最低点升到送料板方孔上面时,送料板开始左右滑动。

⑫在断开状态拧紧螺钉,用纽钳止动杆打开纽钳杆钳,把纽扣放到正确的位置,让纽扣容易放进取出,然后拧紧螺钉。

第六节　MB 系列钉扣机的安装和使用

一、钉扣机的安装

(1)机头的安装　机头的安装如图 3-83 所示。把防振胶垫 4 放到机台上。把机头放到上面,用固定螺钉 1、垫片 3、螺母 2 固定好。再把 S 形挂钩 6 和铁链 5 安装到起动环 7 上。

(2)机针的安装　机针的安装如图 3-84 所示。

标准机针为 TQ×116#。旋松机针固定螺钉 1。手拿机针把机针

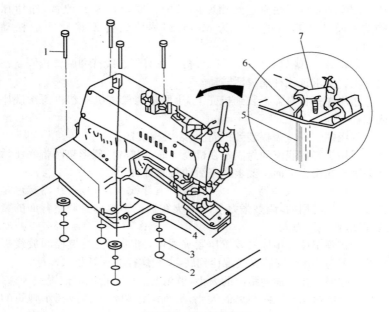

图 3-83　机头的安装
1. 固定螺钉　2. 螺母　3. 垫片　4. 防振胶垫　5. 铁链　6. S 形挂钩
7. 起动环

2 长沟转到操作者面前。把机针 2 插进针杆孔的尽头,拧紧机针固定螺钉 1。

(3)针杆罩的安装　针杆罩的安装如图 3-85 所示。旋松固定螺钉 2,并把它卸下。把针杆罩 1 安装到第二导线器的下面,用固定螺钉 2 固定起来。

如果装挑线电磁阀时,应把针杆罩安装到挑线电磁阀安装台座上。

(4)纽扣盘的安装　纽扣盘的安装如图 3-86 所示,把纽扣盘 1 插进机座前部右侧的孔中,拧紧固定螺钉 2,如果右侧抓纽扣不方便的话,可改装到左侧。

二、加油

加油如图 3-87 所示。

①把 JUKI No. 1 油加入到箭头所指部位,每周 1～2 次。

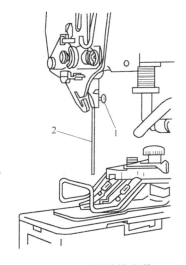

图 3-84　机针的安装

1. 固定螺钉　2. 机针

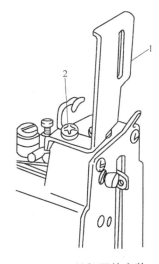

图 3-85　针杆罩的安装

1. 针杆罩　2. 固定螺钉

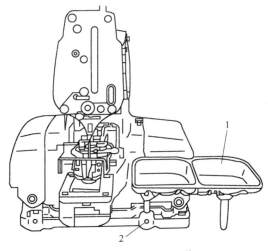

图 3-86　纽扣盘的安装

1. 纽扣盘　2. 固定螺钉

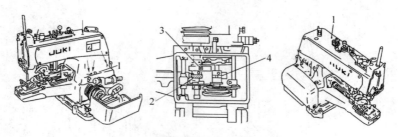

图 3-87 加油

1. 安装螺钉 2. 弧齿锥齿轮 3. 曲轴部 4. 蜗轮

②旋松安装螺钉 1，放倒缝纫机机头，把润滑脂加到弧齿锥齿轮 2 和蜗轮 4 上。

③每周检查 1 次机座安装台内的加油毛毡上面是否吸满油，不够时应加油。同时也应往曲轴部 3 上加油。

三、上线穿线方法

上线穿线方法如图 3-88 所示。按顺序 1、2、3、…、17、18 进行穿线，从针孔的前侧向后侧，在松线螺母 A 处，把线拉出 60～70mm。

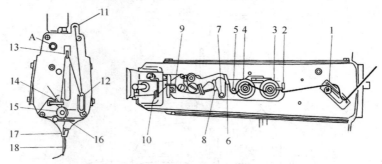

图 3-88 上线穿线方法

1～18. 穿线部位

第七节 MB 系列钉扣机常见故障及排除方法

钉扣机的故障一般比其他缝纫设备要少一些，而且有了故障也较容易分析原因。钉扣机常见故障及排除方法如下。

一、断线故障及排除方法

断线故障是钉扣机最常见的故障之一,造成故障的原因很多,其出现的症状也不相同,断线故障及排除方法见表 3-8。

表 3-8　断线故障及排除方法

故　障　原　因	排　除　方　法
穿线不正确	按规定的线路穿线
线经过之处有毛刺	用细砂布磨光
第二夹线器压力太大	适当旋松调压螺母
第一夹线器压力太大	适当旋松调压螺母
第二夹线器浮起过晚	将夹线器浮起定时稍调前一些
夹线架位置不正确	调整夹线架位置
机针没有降落到纽扣眼中心	用夹纽扣轧头支架进行调节
拨线板动作慢	调整拨线板位置
机针与线钩相碰	将机针与线钩的间隙调到 0.05～0.1mm
相对于纽扣眼的大小,机针太粗	更换成较细的机针
线钩上有毛刺或锐边	用细砂布磨光
线量调节钩行程过小	行程调到 8～12mm

二、断针故障及排除方法

断针的故障不论什么机型多数是由于位置不当造成的。断针故障及排除方法见表 3-9。

表 3-9　断针故障及排除方法

故　障　原　因	排　除　方　法
纽扣扣眼的距离宽窄不一,大小不等,四眼纽扣眼位置不对称	更换标准纽扣
机针与纽扣扣眼不对位	按标准重新调整

续表 3-9

故　障　原　因	排　除　方　法
纽夹移动位置不对	矫正纽夹的位置
针杆过低	适当调高针杆
护针板(挡块)位置不对	重新调整间隙
横送料或纵送料距离不对	按纽扣扣眼的距离调节(373 型)
纽夹夹不牢纽扣	重新调整纽夹开距
线钩位置不正确	重新调整线钩位置
针杆弯曲或插针孔斜	更换针杆

三、跳针故障及排除方法

跳针的故障可以从勾线原理方面去查找,一旦原因找准,故障不难排除。跳针故障及排除方法见表 3-10。

表 3-10　跳针故障及排除方法

故　障　原　因	排　除　方　法
机针与线钩前后间隙过大	调到 0.05～0.1mm
针杆过高	按针杆定位重新调节
针粗线细或针细线粗	按缝料选择针和线
机针弯曲、偏转或针柄未插到底	更换机针,重新安装机针
勾线时机过早,针在右边跳针	调整勾线时机,使线钩在机针抛出线环后勾线
勾线时机过晚,或线钩加速时间过晚,针在左边跳针	按标准重新调整
纽夹位置不正确,机针对纽夹孔偏	重新调整纽夹位置
纽夹压力小或三爪压料不匀,缝料随机针上下浮动	加大纽夹压力,调整三爪压料均匀
机针碰擦扣眼	机针应落入扣眼中心
线钩尖损坏	更换新线钩
推线叉动作时机不正确	按标准重新调整

四、缝钉故障及排除方法

线迹太松、空针、脱针、线缚线钩和线结抽散等都属缝钉故障。缝钉故障及排除方法见表 3-11。

表 3-11　缝钉故障及排除方法

故障现象	故 障 原 因	排 除 方 法
始缝跳针	线量调节钩行程小	行程调至 12mm
	停车时线头短	调低第二夹线器
脱针	线量调节钩行程小	增加供线量
	夹线架的间隙不正确	调整间隙至 1mm
收线时，线迹松紧不良	送线杆的运动状况不良	调节送线杆的左右方向位置
	第二夹线器浮动早	将夹线板的浮起定时调后（延迟）一些
	第二夹线器压力太小	调整第二夹线器的张力
	机针没有落到纽扣扣眼中心	用夹纽扣轧头支架进行调节
	线量调节钩行程大	行程调至 8～12mm
	缝料压脚压力不适合	调整缝料压脚的压力
第一针的缝线伸出到纽扣上面	拉线钩调节得不合适	用拉线钩摆轴进行调整
线钩两次挂线	拨线凸轮动作太快	调整线钩尖在三角线环中心通过
	第二夹线器浮起过早	调整第二夹线器
	第二夹线器压力太小	调整第二夹线器的张力

续表 3-11

故障现象	故　障　原　因	排　除　方　法
停车后线头长	拨线三角凸轮动作慢	适当调快一点
	第一夹线器的压力低	缝纫张力应调整为 7～15g
	第二夹线器浮动过早	适当调高夹线器
	纽夹提升过低	调高纽夹提升高度
	夹线架与夹线方柱间隙太大	间隙调到 0.8～1.2mm
	从纽扣的后排右扣眼露出线头	减少线量调节钩的摆动量
	从纽扣的后排左扣眼露出线头	增加线量调节钩的摆动量
纽夹提升时线拉不断	第二夹线器浮动过早	适当调高第二夹线器
	纽夹提升量太小	提高纽夹提升量
	夹线架与夹线方柱的间隙大	间隙调到 0.8～1.2mm

五、机械故障及排除方法

钉扣机机械故障及排除方法见表 3-12。

表 3-12　机械故障及排除方法

故障现象	故　障　原　因	排　除　方　法
噪声	针数调节凸轮位置不对	调整滚珠与凸轮有 0.8mm 的间隙
	制动杆与制动凸轮间隙大	调整制动杆位置
	起动压板位置不对	调到 0.8mm
纽夹不提升	纽夹提升板与纽夹提升摆架的间隙大	应调为 0.5～0.8mm
	针数调节凸轮与驱动滚珠（辊轴）的间隙大	应调为 0.8mm
	纽夹提升板的钩部磨损或损坏	更换新件

续表 3-12

故障现象	故 障 原 因	排 除 方 法
带轮离合器打滑	起动滚珠及驱动带轮压板磨损	更换两个零件并更新滚珠座
	滚珠与驱动带轮压板间隙太大	减小间隙,标准为0.2~0.3mm
沉重	带轮过热,起动踏板沉重	加大起动滚珠与驱动带轮压板的间隙
停车时纽夹低	带太松	适当调紧带
	纽夹压力太大	适当调小压力
	起动压板与滚珠间隙过大	调小间隙
机器不能停车,连续运转	制动架复位拉簧脱落或断裂	重新复位拉簧或换新拉簧
	电源接反,带轮倒转	将三相插头中的任意两相互换位置
	制动凸轮顶簧断裂	换新件
	起动压板压力太大	适当调小压力

六、自动剪线装置故障及排除方法

钉扣机自动剪线装置故障及排除方法见表3-13。

表 3-13 自动剪线装置故障及排除方法

故障现象	故 障 原 因	排 除 方 法
线没剪断	活动剪线刀拨线钩没能可靠地拨开缝料一边的线	调整活动剪线刀的位置
	机针没有落到纽扣扣眼的中心	用纽夹轧头支架进行调整
	在最后一针跳针	调整线钩与机针支架的位置
	活动剪线刀拨线钩高度不合适	调整活动剪线刀拨线钩的高度

续表 3-13

故障现象	故 障 原 因	排 除 方 法
针线与缝料背面的线都被剪断	活动剪线刀位置不适当	调整机器制动完毕时的活动剪线刀的位置
	活动剪线刀的拨线高度不合适	调整活动剪线刀拨线钩的高度
线被剪断后露出在缝料背面的线头太长	活动剪线刀的剪线定时不合适	调整活动剪线刀位置
	纽夹的抬升量太大	抬高纽夹抬升量至 9mm

七、MB-377 型钉扣机故障及排除方法

MB-377 型钉扣机故障及排除方法见表 3-14。

表 3-14　MB-377 型钉扣机故障及排除方法

故障现象	故 障 原 因	排 除 方 法
停机断线	收线板调整不良	调整收线板
	扣夹装置提升量太高	按 8mm 调节
	夹线架的调整不良	调整线量调节滑块位置
起缝无法缝制但在运转中可以缝制	线量调节钩调整不良	调整线量调节钩的摆动轴
	面板的夹线器压力太大	减小夹线器压力
最后一针的加固缝刹线不紧	刹线板的调整不良	调节刹线板
	夹线架调整不良	调节夹线调节滑块
	线扣板的时机不正	提早时间（调节结线扣凸缘板）
切线后，布反面的线头长短不一	动刀位置不良	制动后（止动状态）调整动刀位置（10.5～12.5mm）
	扣夹提升量太高	把抓脚上升量调整为 8mm（]字、Z 字）;10mm（X 字）

八、MB-373NS 型钉扣机故障及排除方法

MB-373NS 型钉扣机故障及排除方法见表 3-15。

表 3-15　MB-373NS 型钉扣机故障及排除方法

故障现象	故　障　原　因	排　除　方　法
断线	靠线动作不良	调整靠线左右同步
	第二线张力盘同步不好	提早线张力盘浮起同步时间
	拨针器压线	调整拨针器摆动滑块
	机针没有落到纽扣中心	用抓脚安装台调整
	针与扣眼相比太粗	换上细针
紧线不良	靠线动作不良	调整靠线左右同步
	第二线张力盘同步不好	稍稍推迟线张力盘浮起同步时间
	第二线张力盘张力不良	用第二线张力盘调整
	机针没有落到纽扣的中心	用抓脚安装台调整
	布压脚压力不良	调整拨针器摆动滑块
纽扣上第一针的线出得太长	线张力拨杆调整不良	调整线张力拨杆摆动轴
分离时切线不良	第二线张力盘同步不好	稍稍推迟线张力盘浮起同步时间,使紧线变好
	机针碰到纽扣孔	调整落针
	抓扣装置上升不良	让抓脚到下板的距离为 12mm
	拨针器压线不良	调整拨针器摆动滑块
	布压脚压力太大	用布压脚压力调整螺母进行调整
切线不断	移动刀分线爪不能把布侧的线确实分开	调整移动刀位置
	机针没有落到纽扣的中心	用抓脚安装台调整
	最后落针跳针	调整弯针
	移动刀分线爪高度不良	调整移动刀分线爪的高度

续表 3-15

故障现象	故 障 原 因	排 除 方 法
面线和底线两根都断线	移动刀位置不良	调整分离时移动刀的位置
	移动刀分线爪高度不良	调整移动刀分线爪的高度
切线后布里侧线拉出得太长	线移动刀切线同步不良	调整移动位置
	抓扣装置上升量过大	把抓脚上升量调整为9mm

九、MB-377NS 型钉扣机故障及排除方法

MB-377NS 型钉扣机故障及排除方法见表 3-16。

表 3-16　MB-377NS 型钉扣机故障及排除方法

故障现象	故 障 原 因	排 除 方 法
缝纫机停止后断线	紧线调整不良	调整紧线拨杆
	抓扣装置的上升量太高	把抓脚上升量调整为8mm（口字、Z字）；10mm（X字）
	拨针器调整不良（间隙小）	用拨针器摆动滑块调整
始缝时形成不了缝迹，中途开始出线	线调整拨杆的调整不良	调整线张力拨杆摆动轴
	面板线张力太大	减小面板线张力
最终针的加固缝紧线弱	刹线拨杆调整不良	调节紧线拨杆
	结线板的同步不良	提早结线板的同步时间（调整结线打结）
	拨针器调整不良（间隙过大）	用拨针器摆动滑块调整
切断后布背面出线长度有长有短	移动刀位置不正确	调整分离时移动刀的位置（10~11mm）
	抓扣装置的上升量过高	把抓脚上升量调整为8mm（口字、Z字）；10mm（X字）

第四章　直接驱动式计算机钉扣机

第一节　外部结构和规格

一、外部结构

（BE-438D 型）钉扣机外部结构如图 4-1 所示。

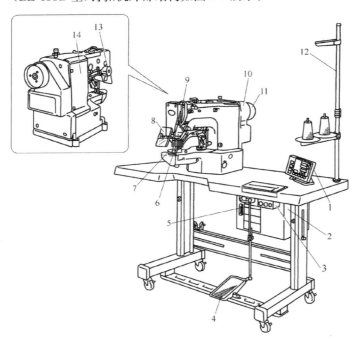

图 4-1　（BE-438D 型）钉扣机外部结构

1. 操作盘　2. 控制箱　3. 电源开关　4. 脚踩开关　5. CF 卡插入口　6. 纽扣夹　7. 护指器
8. 护眼板　9. 挑线杆防护罩　10. 后盖　11. 带轮　12. 线架　13. 松线电磁铁盖　14. 侧盖

二、规格

BE-438D 系列钉扣机基本规格见表 4-1。

表 4-1   BE-438D 系列钉扣机基本规格

名　称	规　格
线迹形式	单针平缝
最高缝纫速度	2700rpm
尺寸($X \times Y$)	最大 6.4mm×6.4mm
送布驱动方式	Y-θ 间隙送布(脉冲电动机驱动)
针距	0.05~12.7mm
针数	可变(关于已输入的缝纫图案的针数,可参照"预设图案")
最大针数	210000 针(包括可加的 200,000 针)
抬压脚驱动方式	脉冲电动机驱动
纽扣夹外径/上升量	8~30mm①/最大 13mm
使用的旋梭	标准半转旋梭
扫线装置	标准装备
切线装置	标准装备
夹线装置	标准装备
数据存储方式	快擦写存储器(使用 CF 卡可以追加任意种缝纫图案)②
用户程序数	50
循环程序数	9
存储数据数	已设置 53 种缝纫图案
	最多可增加 200 种图案。追加总针数在 200000 针以内
电动机	AC 伺服电动机 550W
质量	头部约 56kg;操作盘约 0.6kg; 控制箱为 14.2~16.2kg(根据电压不同而不同)
电源	单相 100V/220V,3 相 200V/220V/380V/400V

注:①外径 20mm 以上时应使用选购件纽扣夹组件 B(S03634-101)。
　　②推荐的 CF 卡为 SanDisk。HagiwaraSYS-COM 的市场上销售产品。

三、预设图案

①预设图案一见表 4-2。表中所示图案的程序已预先设置好,只要能够确认机针落在纽孔内,就可以选择使用任意一种缝纫图案。对于没有包缝线的程序,在完成一边缝纫后应进行剪线,然后再进行另一边的缝纫。

表 4-2　预设图案一

号码	纽孔数	缝纫图案	线数	包缝数	针数	尺寸/mm	
						X	Y
1			6	—	12		
2			8	—	14		
3			10	—	16	3.4	0
4	2		12	—	18		
5①			16	—	22		
6①			20	—	26		
7②			6	—	12		3.4
23②			10	—	16	0	
8②			12	—	18		
9②			5-5-5	—	21		
24②	3		7-7-7	—	27	2.6	2.4
25②			5-5-5	—	21		
26②			7-7-7	—	27		
10			6-6	1	19		
11			8-8	1	23		
12	4		8-8	3	25	3.4	3.4
13			10-10	1	27		
27			12-12	1	31		
14③			6-6	0	24		
36④	4		6-6	0	24	3.4	3.4
28③			8-8	0	282		

续表 4-2

号码	纽孔数	缝纫图案	线数	包缝数	针数	尺寸/mm	
						X	Y
37④			8-8	0	8		
15③			10-10	0	32		
38③			10-10	0	32		
29③			12-12	0	36		
39④			12-12	0	36		
16			6-5	1	18		
17			8-7	1	22		
30			10-9	1	26		
18	4		6-6	1	19	3.4	3.4
19			8-8	1	23		
31			10-10	1	27		
45			12-12	1	31		
20③			6-6	0	24		
40④			6-6	0	24		
32③			8-8	0	28		
41④			8-8	0	28		
33③			10-10	0	32		
42④			10-10	0	32		
221①			6-6	0	24		
34②			6-6	0	24		
22②③			8-8	0	282		
43②④	4		8-8	0	8	3.4	3.4
35②③			10-10	0	32		
44②④			10-10	0	32		
46			12-12	0	36		
47			12-12	0	36		

续表 4-2

号码	纽孔数	缝纫图案	线数	包缝数	针数	尺寸/mm	
						X	Y
48	4		6-5	1	18	3.4	3.4
49			8-7	1	22		

注:①使用程序前检查纽孔直径为 2mm 或更大。

②不可使用纽扣抬起弹簧。

③在完成一边缝纫后,纽扣夹就上升并进行拨线动作。为了将缝纫进行到底,
在另一边的缝纫开始之前,应继续踩下脚踩开关;或在完成一边缝纫后,应
再次踩下脚踩开关。

④在完成一边缝纫后,纽扣夹不上升而只进行拨线动作,并继续进行另一边的
缝纫。

②预设图案二见表 4-3。

表 4-3　预设图案二

用于带柄纽扣

号码	缝纫图案	线数	针数	尺寸/mm	
				X	Y
50		6	12	3.4	0
51		8	14		
52		10	16		
53		12	18		

第二节　缝纫前的准备

一、机针

安装机针如图 4-2 所示。松开止
动螺钉 1,正面朝着机针 2 的长槽,笔
直插到底,用力拧紧止动螺钉 1。

二、穿面线

穿面线如图 4-3 所示,应正确地
穿面线。在穿线模式下穿线会更方

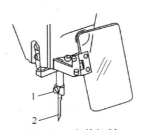

图 4-2　安装机针

1. 止动螺钉　2. 机针

便。穿线模式见表4-4。

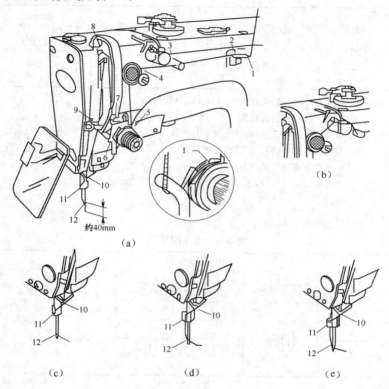

图 4-3   穿面线

(a)穿线路线   (b)使用冷却液端的情况

(c)1 个孔   (d)2 个孔棉短纤维线等   (e)化纤线等

1~12. 穿线顺序号

表 4-4   穿线模式

步骤	工作内容	图 示
1	打开电源	

续表 4-4

步骤	工作内容	图　　　示
2	按 THREAD/CLAMP 键:压脚、纽扣夹下降,夹线盘变成打开状态;THREAD/CLAMP 灯点亮菜单灯熄灭	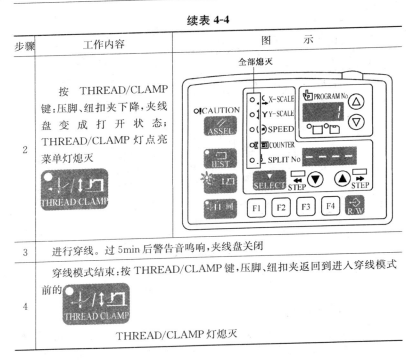
3	进行穿线。过 5min 后警告音鸣响,夹线盘关闭	
4	穿线模式结束:按 THREAD/CLAMP 键,压脚、纽扣夹返回到进入穿线模式前的 THREAD/CLAMP 灯熄灭	

三、底线的绕线

底线的绕线如图 4-4 所示。

①将梭芯置于梭芯卷线轴 1 上,按图 4-4 所示穿线,将线在梭芯内绕几圈,然后推梭芯压臂柄 2。

②打开电源,将脚踩开关踩到第 2 挡位置。进行原点检测,确认机针不会碰到压脚、纽扣夹,然后一边按 TENSION/WIND 键 3,一边将脚踩开关踩到第 2 挡位置。

③缝纫机开始运转后放开 TENSION/WIND 键 3,并继续踩着脚踩开关直到绕线结束。如果在中途放开了脚踩开关,则应再次一边按TENSION/WIND 键 3,一边踩下脚踩开关,这样就会重新开始绕线。

④当绕线量达到规定的数量(梭芯外径的 $80\%\sim90\%$)时应停止绕线,梭芯压臂柄 2 将自动返回。

⑤拆下梭芯,将线勾在切刀 4 上,朝箭头方向拉梭芯将线切断。

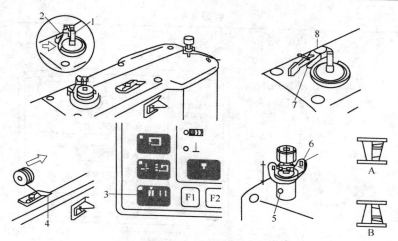

图 4-4　底线的绕线

1. 梭芯卷线轴　2. 梭芯压臂柄　3. TENSION/WIN1 键　4. 切刀
5. 止动螺钉　6. 夹线器　7. 梭芯压柄　8. 螺钉

⑥调节梭芯绕线量,旋松螺钉 8 调节梭芯压柄 7。

⑦如果梭芯上的线不均匀,旋松止动螺钉 5,上下移动卷线用夹线器进行调节。在 A 的情况下,将卷线用夹线器 6 向下移动;在 B 的情况下,将夹线器向上移动。

四、梭芯套的拆装

梭芯套的拆装如图 4-5 所示。

①向下拉旋梭盖 1 将其打开,握住梭芯以便向右卷绕底线,将梭芯插入梭芯套。

②将底线穿过线槽 2,然后从导线器 3 中拉出。当拉出底线时,检查梭芯是否按顺时针方向转动。

③将线穿过套柄上的线孔 4,使线端拉出约 30mm。

④将插销装在梭芯套上,再将梭芯套插入旋梭。

五、夹线器张力的调节

(1)底线张力的调节　底线张力的调节如图 4-6 所示。转动调节螺钉 1 调节底线的张力,将张力调节到当用手握住线端时梭芯套靠它

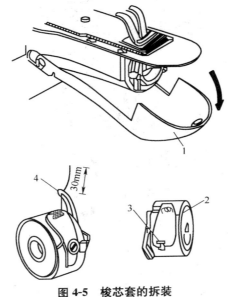

图 4-5　梭芯套的拆装

1. 旋梭盖　2. 线槽　3. 导线器　4. 线孔

的重力不会滑落的程度,应尽可能减弱张力。

图 4-6　底线张力的调节

1. 调节螺钉

(2)面线张力的调节　　面线张力的调节如图 4-7 所示。转动夹线螺母 1,根据缝制品进行夹线的调节(主夹线)。此外,还要用夹线螺母 2 进行调节,使面线残留量在 35～40mm(副夹线)。

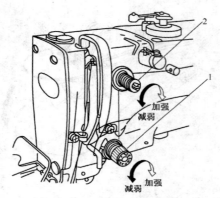

图 4-7　面线张力的调节
1、2. 夹线螺母

①参考夹线见表 4-5。

表 4-5　参考夹线

用途	BE-438D			
	普通布料(—01)	针织品(—07)	女性内衣(—OF)	劳动布(—02)
面线	相当 50 号	相当 60 号	相当 60 号	相当 30 号
底线	相当 60 号	相当 80 号	相当 60 号	相当 50 号
面线的张力/N	0.8～1.2			1.6～2.0
底线的张力/N	0.2～0.3			
预张力/N	0.05～0.3			
针	DP×5♯14	DP×5♯9		DP×17NY♯19

②BE-438D 型最高转速见表 4-6。

表 4-6　BE-438D 型最高转速

用途	最高转速/(r/min)	
	标准梭	双倍旋梭
粗斜纹布 8 片	3200	2500
粗斜纹布 12 片	2700	—
普通布料	2700	2500
针织品、女性内衣	2500	—

注:根据缝纫条件的不同,可能会发生高温断线的情况。在此情况下,应降低转速或使用冷却液箱。

六、夹线装置的使用

夹线装置的使用如图 4-8 所示。用于缝纫开始时容易脱线、跳线等的缝纫条件。当将存储器开关"No. 500"置于"ON"(出厂时被设置在"OFF"状态)时,夹线装置将工作,但有条件限制。详情可参照存储器开关一览表。

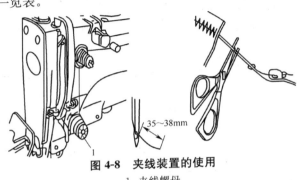

图 4-8　夹线装置的使用
1. 夹线螺母

①当使用夹线装置时,应用夹线螺母 1 将面线残留量调节到 35～38mm(副夹线)。在更换了面线等后也要将面线残留量控制在 40mm 以下。

②当面线残留量为 40mm 以上时,或当面线张力弱而使第 1 针的面线集圈不良时,夹线装置所夹住的线端可能会被卷入线迹。此外,如果使用 30 号以上的粗线或面线残留量过长,则可能会发生错误代码[E691],在这些情况下,应用剪刀等将线剪断而不要硬将线拉断。

③如图 4-9 所示,对于套结长度 <10mm 的缝纫图案,夹线装置所夹住的线端可能会在布料背面有线迹露出的情况,对于这样的缝纫图案,建议将夹线装置设在"OFF"状态。

④当频繁发生错误代码[E690] [E691]时,应拆下针板并清除针板背

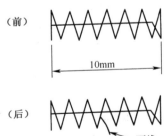

图 4-9　套结长度＜10mm 的缝纫图案

面的棉屑。

　　⑤根据缝料和机线的不同,可能会发生第 2 针的底线从缝料表面露出的情况,此时宜使用夹线装置用的缝纫图案。标准程序与夹线装置的程序号对照见表 4-7。

表 4-7　标准程序与夹线装置的程序号对照

规　格	标准程序号	夹线装置用程序号
用于普通缝料(—01)	1	65
	4	66
	5	67
	8	68
	13	69
	15	70
	20	71
	21	72
用于劳动布(—02)	2	78
	3	79
	6	80
	14	81
	16	82
	17	83
	18	84
	19	85
用于针织品(—07) 用于女性内衣(—0F)	7	73
	9	74
	22	75
	31	76
	32	77

七、纽扣的插入

纽扣的插入如图 4-10 所示,按下纽扣夹板凸轮 1,则纽扣夹 2 打开,将纽扣以正确的方向插入,放开纽扣夹板凸轮 1。

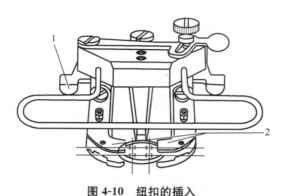

图 4-10 纽扣的插入

1. 纽扣夹板凸轮 2. 纽扣夹

八、纽扣夹的调节

纽扣夹的调节如图 4-11 所示。将纽扣插入纽扣夹,确认纽扣是否确实被夹住,在装着纽扣的状态下旋松螺钉 1,移动调节板 2,使调节板与固定螺钉 3 的间隙在 0.5～1.0mm,拧紧螺钉 1。

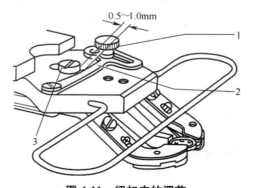

图 4-11 纽扣夹的调节

1. 螺钉 2. 调节板 3. 固定螺钉

九、纽扣上浮弹簧的安装

如果要将纽扣缝制得更加上浮,可安装对应随带的纽扣上浮弹簧,如图 4-12 所示。用螺钉 2 安装纽扣上浮弹簧支架 1。用垫圈 4 和固定螺钉 5 安装纽扣上浮弹簧 3。

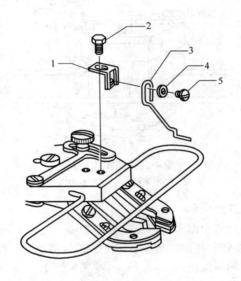

图 4-12 纽扣上浮弹簧的安装
1. 纽扣上浮弹簧支架 2. 螺钉 3. 纽扣上浮弹簧
4. 垫圈 5. 固定螺钉

第三节 操作盘的基本操作

一、操作盘各键名称及功能

操作盘上各键名称及功能见表 4-8。

表 4-8　操作盘各键名称及功能

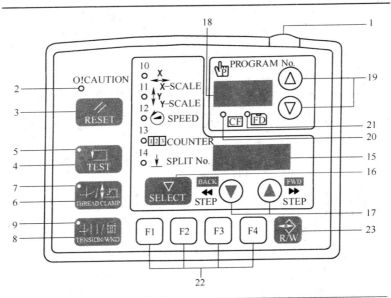

件号	键(灯)名称	功　　能
1	电源指示灯	当打开电源时点亮
2	CAUTION 灯	当发生错误时,此灯点亮
3	RESET 键	用于解除错误
4	TEST 键	要进入试验模式时,使用此键
5	TEST 灯	按 TEST 键 4,则此灯点亮
6	THREAD/CLAMP 键	要进入穿线模式或压脚高度设置模式时,使用此键
7	THREAD/CLAMP 灯	按 THREAD/CLAMP 键 6,则此灯点亮
8	TENSION/WIND 键	卷绕底线时,使用此键
9	TENSION/WIND 灯	未使用
10	X—SCALE 灯	用 SELECT 键(16)切换到横向倍率时,此灯点亮
11	Y—SCALE 灯	用 SELECT 键(16)切换到纵向倍率时,此灯点亮
12	SPEED 灯	用 SELECT 键(16)切换到缝纫速度时,此灯点亮
13	COUNTER 灯	用 SELECT 键(16)切换到底线计数器/生产量计数器时,此灯点亮

续表 4-8

件号	键(灯)名称	功　　能
14	SPLIT No. 灯	用 SELECT 键(16)切换到分割状态,则此灯点亮
15	菜单表示	用于显示菜单的设置值,存储器开关的内容和错误代码等
16	SELECT 键	用于切换菜单(横向,纵向倍率,缝纫速度,计数器)
17	设置键▲▼	要变更菜单表示(15)所显示的数值时,使用此键
18	程序号(No.)表示	显示程序号等
19	设置键△▽	要变更程序号(No.)表示(18)所显示的数值时,使用此键
20	CF 显示灯	当插入了 CF 卡(外部媒体)时,此灯点亮
21	FD 显示灯	未使用
22	功能键[F1,F2,F3,F4]	用于用户程序的选择. 循环程序的设置和选择
23	R/W 键	要读写外部媒体时使用此键

二、程序号

出厂时程序号被设置在 0(用于确认送布原点)。程序号的设置如图 4-13 所示。

①按△键或▽键 19 来选择程序号。程序号(No.)表示 18 所显示的程序号将闪烁。

②将脚踩开关踩到第 2 挡位置。进行原点检测,确定程序号。程序号从闪烁变成点亮。

设置结束后,应务必进行"缝纫图案的确认",并确认落针位置是否正确。

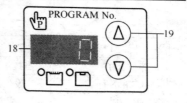

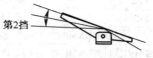

图 4-13　程序号的设置

三、倍率的设置

出厂时倍率被设置在 100%。倍率的设置如图 4-14 所示。

①按 SELECT 键 16,使横向倍率的 X-SCALE 指示灯 10,纵向倍率的 Y-SCALE 指示灯 11 点亮。菜单表示 15 将显示设置值(%)。

当存储器开关"No. 402"位于"ON"时,数值以"mm"表示。

②按▲键或▼键 17 来设置倍率(20～200)。程序号(No.)表示 18 所显示的程序号将闪烁。

③将脚踩开关踩到第 2 挡位置。进行原点检测,确定倍率。程序号从闪烁变成点亮。

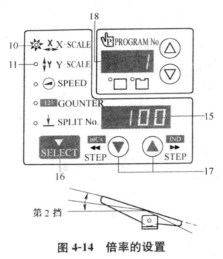

图 4-14 倍率的设置

设置结束后,应务必进行"缝纫图案的确认",并确认落针位置是否正确。

四、缝纫速度的设置

出厂时缝纫速度被设置在 2000(r/min)。缝纫速度的设置如图 4-15 所示。

①按 SELECT 键 16,使 SPEED 指示灯 12 点亮。菜单表示 15 将显示。

②按▲键或▼键 17 来设置缝纫速度(缝纫速度设置值 400～2700)。

五、缝纫图案的确认

缝纫图案的确认见表 4-9。利用试送料模式,仅使缝料移动来确认运针情况。

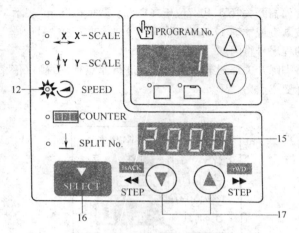

图 4-15   缝纫速度的设置

表 4-9   缝纫图案的确认

步骤	操 作 内 容
1	按 TEST 键，TEST 灯点亮
2	选择想确认的程序号，设置横向倍率、纵向倍率，程序号闪烁； 将脚踩开关踩到第 2 挡位置，进行原点检测，程序号从闪烁变成点亮 第2挡 程序号闪烁→点亮

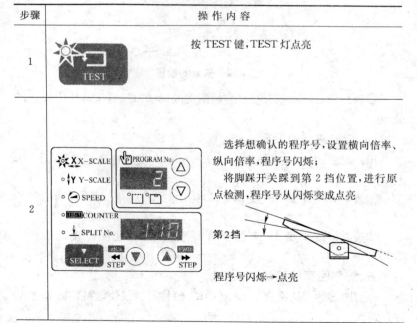

续表 4-9

步骤	操作内容
3	装上纽扣(参照"纽扣的插入方法")
4	开始进行 1 针试送料模式:将脚踩开关踩到第 2 挡位置后放开,送料只移动 1 针; 然后每次将脚踩开关踩到第 1 挡位置,送料就逐针移动。当每移动 1 针时用手转动手轮,确认机针应在不接触纽扣的情况下进入纽扣孔中(此时,如果朝缝纫机旋转方向转动手轮 1 圈,则在起针位置附近送料就移动 1 针)。 此外,如果再次将脚踩开关踩到第 2 挡位置,送料就 1 针接 1 针开始连续移动 中途缝纫等待模式要从试送料中途开始缝纫时,可按 TEST 键使 TEST 灯熄灭。如果将脚踩开关踩到第 2 挡位置,就开始缝纫。 TEST 灯熄灭 如果在这个模式下按 ▲ 键,送料应前进 1 针;如果按 ▼ 键,送料就后退 1 针,如果连续按着不放,就快速送料。 TEST 灯点亮 要再开始试送料时,可按 TEST 键
5	试送料结束,按 TEST 键 TEST 灯熄灭
6	将脚踩开关踩到第 1 挡位置,压脚上升后,缝纫准备完毕

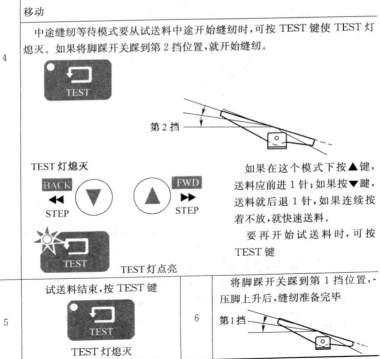

六、纽扣夹上升量的设置

可以在操作盘完成纽扣夹上升量的设置，详见表4-10。

表4-10　纽扣夹上升量的设置

步骤	操作内容

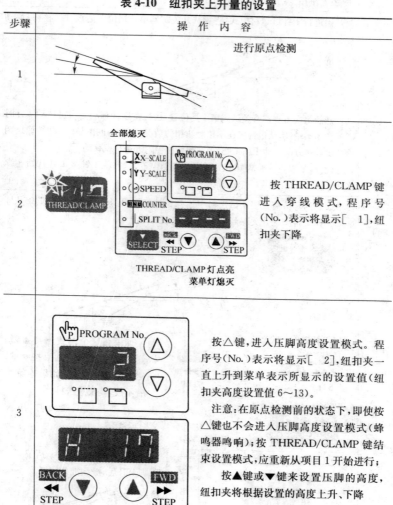

进行原点检测

按 THREAD/CLAMP 键进入穿线模式，程序号（No.）表示将显示 [1]，纽扣夹下降

按△键，进入压脚高度设置模式。程序号（No.）表示将显示 [2]，纽扣夹一直上升到菜单表示所显示的设置值（纽扣夹高度设置值6~13）。

注意：在原点检测前的状态下，即使按△键也不会进入压脚高度设置模式（蜂鸣器鸣响）；按 THREAD/CLAMP 键结束设置模式，应重新从项目1开始进行；

按▲键或▼键来设置压脚的高度，纽扣夹将根据设置的高度上升、下降

续表 4-10

步骤	操 作 内 容
3	存储器开关 No.003 在"ON"位置时按△键,进入中间压脚高度设置模式,程序号(No.)表示将显示[3],纽扣夹一直移动到菜单表示所显示的设置值(中间纽扣夹高度设置值1～13); 按▲键或▼键来设置中间压脚的高度,纽扣夹将根据设置的高度上升、下降 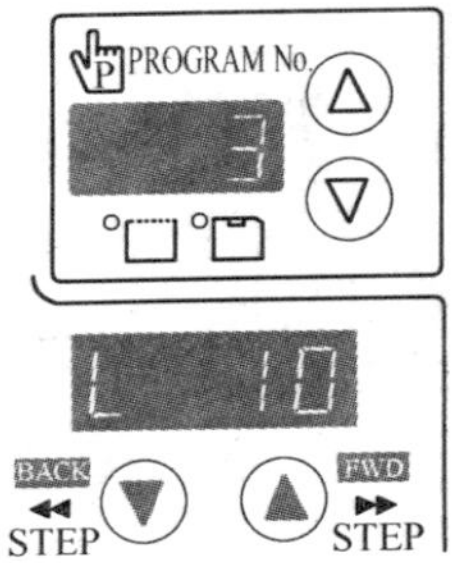 模式的变换:[2]压脚高度设置模式,[3]中间压脚高度设置模式,[1]穿线模式
4	设置模式结束按 THREAD/CLAMP 键,记忆设置值,纽扣夹回复到进入设置模式前的状态;THREAD/CLAMP 灯熄灭 

第四节 操作盘的高级操作

一、操作盘

在按 TEST 键的同时,按各相互组合的键,操作盘各键名称和功能见表 4-11。

表 4-11　操作盘各键名称和功能

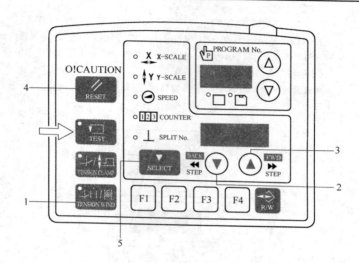

件号	图　　示	说　　明
1	TEST ＋ TENSION/WIND	存储器开关设置模式,参照"存储器开关的设置"
2	TEST ＋ BACK ◀◀ STEP ▼	底线计数器设置模式,参照"底线计数器的使用"
3	TEST ＋ ▲ FWD ▶▶ STEP	生产量计数器设置模式,参照"生产量计数器的使用"
4	TEST ＋ RESET	生产量计数器一时显示功能,参照"生产量计数器的使用"
5	TEST ＋ SELECT	用户程序设置模式,参照"用户程序的使用"

二、存储器开关

①存储器开关的设置见表 4-12。

表 4-12　存储器开关的设置

步骤	操　作　内　容
1	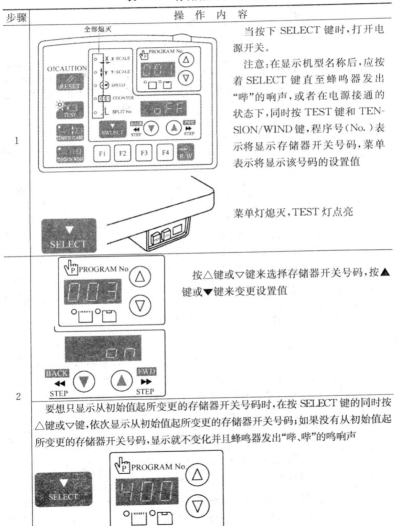 当按下 SELECT 键时,打开电源开关。 注意:在显示机型名称后,应按着 SELECT 键直至蜂鸣器发出"哔"的响声,或者在电源接通的状态下,同时按 TEST 键和 TEN-SION/WIND 键,程序号(No.)表示将显示存储器开关号码,菜单表示将显示该号码的设置值 菜单灯熄灭,TEST 灯点亮
2	按△键或▽键来选择存储器开关号码,按▲键或▼键来变更设置值 要想只显示从初始值起所变更的存储器开关号码时,在按 SELECT 键的同时按△键或▽键,依次显示从初始值起所变更的存储器开关号码;如果没有从初始值起所变更的存储器开关号码,显示就不变化而且蜂鸣器发出"哔、哔"的鸣响声

续表 4-12

步骤	操 作 内 容
3	设置模式结束,按 TEST 键;变更内容被存储,成为等待原点检测的状态 TEST 灯熄灭

注:想要将一个存储器开关的设置值作为初始值时,可在显示该存储器开关号码的状态下按 RESET 键;想要将所有存储器开关的设置值作为初始值时,可按着 RESET 键保持 2s 以上直到蜂鸣器发出"哔"的鸣响声。

②存储器开关一览表见表 4-13。

表 4-13 存储器开关一览表

号码	设置范围	设 置 项	初始值
001		缝纫结束后的压脚、纽扣夹上升时间	OFF
	OFF	在最后一针的位置上升	
	ON	在移动到缝纫开始点后上升	
003		2挡压脚	OFF
	OFF	无效	
	ON	在踏板第1挡的中间停止,踩到第2挡时下降后起动	
100		起始速度	缝纫速度初始值
	OFF	缝纫开始时 1～5 针的速度将根据存储器开关 No. 151～155 的设置状况而定(关于存储器开关 No. 151～155,可参照随机附带的调整说明书)	
	ON	参考缝纫速度初始值	
200		1针试送布	
	OFF	试送布随着踩下脚踏开关而开始,并自动前进到最后一针	
	ON	试送布随着踩下脚踏开关而逐针前进。而且,当试验灯点亮时,通过用手转动缝纫机手轮则试送布将逐针前进	

续表 4-13

号码	设置范围	设　置　项	初始值
300		生产量计数器显示	OFF
	OFF	底线计数器显示	
	ON	生产量计数器显示	
400		用　户　程　序	OFF
	OFF	无效	
	ON	用户程序无效变为有效	
401		循　环　程　序	OFF
	OFF	无效	
	ON	在以用户程序缝纫时,将按照已设置的程序依次进行缝纫	
402		放大缩小率的"mm"表示[①]	OFF
	OFF	以"%"表示	
	ON	以"mm"表示	
500		夹　线　装　置	OFF
	OFF	无效	
	ON	使夹线装置工作[②]	

注:①显示尺寸(mm)可能与实际的缝纫尺寸有所差异。
　　②当更改了存储器开关 No.151 和 152 的设定时,或者因缝纫速度而可能发生不工作的情况(关于存储器开关 No.151 和 152 请参照随机附带的调整说明书)。

存储器开关 No.100 在"ON"时的缝纫开始速度初始值见表 4-14。

表 4-14　缝纫速度初始值

规格	第1针	第2针	第3针	第4针	第5针	初始值
BE-438D	400	400	600	900	2000	ON

三、底线计数器

(1)底线计数器的使用　初始值的设定见表 4-15。如果根据梭芯内的缝线量预先将能够缝制的片数设置于底线计数器,这样就能防止在缝制中途底线用完的情况。

表 4-15　初始值的设定

步骤	操作内容	
1	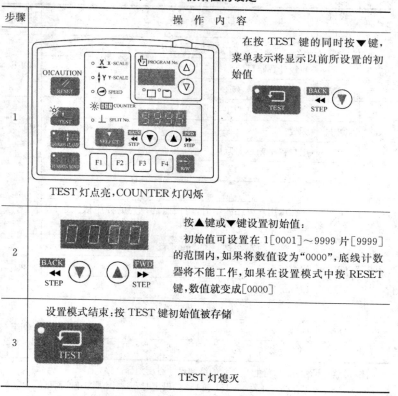 TEST 灯点亮,COUNTER 灯闪烁	在按 TEST 键的同时按▼键,菜单表示将显示以前所设置的初始值
2	按▲键或▼键设置初始值:	初始值可设置在 1[0001]～9999 片[9999] 的范围内,如果将数值设为"0000",底线计数器将不能工作,如果在设置模式中按 RESET 键,数值就变成[0000]
3	设置模式结束:按 TEST 键初始值被存储 TEST 灯熄灭	

(2)底线计数器操作　底线计数器操作如图 4-16 所示。当存储器开关 No. 300 在"OFF"时,如果按 SELECT 键 1,以选择计数器显示菜单,"COUNTER"灯就点亮,菜单表示 2 将显示底线计数器。

①每结束一次缝纫,菜单表示 2 所显示的数值就减小 1。

②当底线计数器变成[0000]时,电子蜂鸣器就连续鸣响。这时,即使踩下脚踩开关,钉扣机也不工作。

③如果按 RESET 键 3,电子蜂鸣器就停止鸣响,菜单表示 2 将显示底线计数器的初始值,变成可缝纫的状态。当没有设置初始值时,则显示[0000]。

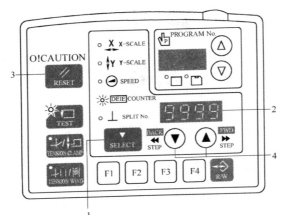

图 4-16　底线计数器操作

1. SELECT 键　2. 菜单表示　3. RESET 键　4. ▲键或▼键

④按▲键或▼键 4,可任意设置底线计数器值。但是,这个数值不能作为初始值被存储。

⑤如果设置了底线计数器,即使不在底线计数器显示状态,计数器也照常进行计数动作。

四、生产量计数器的使用

(1)生产量计数器的设置　生产量计数器的设置见表 4-16。

表 4-16　生产量计数器的设置

步骤	操 作 内 容	
1	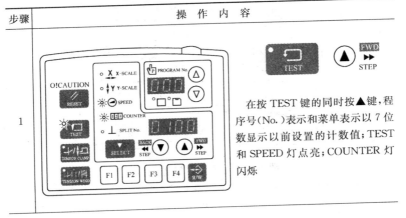	在按 TEST 键的同时按▲键,程序号(No.)表示和菜单表示以 7 位数显示以前设置的计数值;TEST 和 SPEED 灯点亮;COUNTER 灯闪烁

续表 4-16

步骤	操作内容	
2	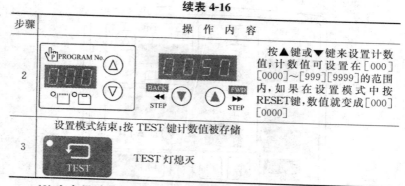	按▲键或▼键来设置计数值；计数值可设置在[000][0000]~[999][9999]的范围内，如果在设置模式中按RESET键，数值就变成[000][0000]
3	设置模式结束；按 TEST 键计数值被存储 TEST 灯熄灭	

(2)生产量计数器的操作 生产量计数器操作如图 4-17 所示，存储器开关 No.300 为"ON"时，如果按 SELECT 键 1 以选择计数器显示菜单，则 SPEED 和 COUNTER 灯点亮，菜单表示 2 将显示生产量计数器。

①每结束一次缝纫，菜单表示 2 所显示的数值就增大 1。

②在按着▲键 3 期间，程序号(No.)表示 4，将显示 3 位的数值，显示位合计为 7 位数。

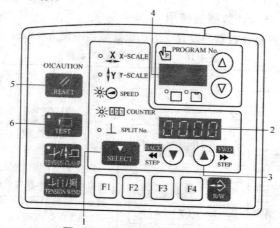

图 4-17 生产量计数器的操作

1. SELECT 键 2. 菜单表示 3. ▲键或▼键 4. 程序号(No.)表示
5. RESET 键 6. TEST

③如果按着 RESET 键 5,保持 2s 以上,计数器的值就复位到[0000]。

在底线计数器显示中,可以一时显示生产量计数器。当 SPEED 指示灯点亮时,如果在按 TEST 键 6 的同时按 RESET 键 5,则菜单表示 2 将显示生产量计数器。

通过按 TEST 键 6 或用 SELECT 键 1 切换菜单,可以恢复原来的菜单表示。在一时显示的状态下,也可以进入缝纫操作。

五、用户程序的使用

可以登录程序号、横向倍率、纵向倍率、缝纫速度、压脚高度等最多 50 种(Ul~U50)参数。

要切换所决定的缝纫图案并加以使用时,如果预先登录到用户程序则更为方便。

用户程序在存储器开关 No. 400 为"ON"时有效。

(1)登录方法　登录方法见表 4-17。

表 4-17　登录方法

步骤	登　录　方　法
1	选择用户程序号:在按 TEST 键的同时按 SELECT 键单灯应闪烁;程序号(No.)表示将显示用户程序号,菜单表示将显示[P- -];按△键或▽键可选择用户程序号,进入用户程序登录模式请确认菜单 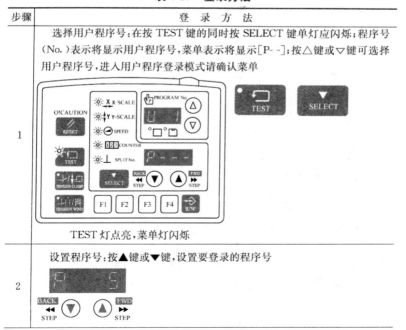 TEST 灯点亮,菜单灯闪烁
2	设置程序号:按▲键或▼键,设置要登录的程序号

续表 4-17

步骤	登 录 方 法
3	设置横向倍率:按 SELECT 键,按▲键或▼键,设置要登录的横向倍率,X-SCALE 灯闪烁
4	设置纵向倍率:按 SELECT 键,按▲键或▼键,设置要登录的纵向倍率,Y-SCALE 灯闪烁
5	设置缝纫速度:按 SELECT 键,按▲键或▼键,设置要登录的缝纫速度 SPEED 灯闪烁
6	设置压脚高度:按 SELECT 键,按▲键▼键,设置要登录的压脚高度 THREAD/CLAMP 灯闪烁
7	设置中间压脚高度(仅当菜单开关 No.003 为"ON"时):按 SELECT 键,按▲键▼键,设置要登录的中间压脚高度 THREAD/CLAMP 灯闪烁

续表 4-17

| 8 | 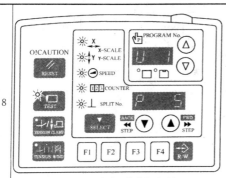
TEST 灯点亮,菜单灯闪烁 | 按 SELECT 键,要继续设置其他的用户程序时,请选择用户程序号并重复进行操作步骤2~8
 |

结束用户程序登录模式,按 SELECT 键,到此,用户程序已被登录;程序号(No.)表示所显示的用户程序号闪烁,成为等待原点检测状态

| 9 | 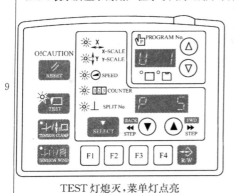
TEST 灯熄灭,菜单灯点亮 | |

(2)使用方法　用户程序使用方法如图 4-18 所示。

①按△键或▽键 1,选择要缝纫的用户程序号。当用户程序号闪烁时,如果踩下脚踏开关就进行原点检测。此后,即使改变用户程序号,只要不关闭电源开关就不必再进行原点检测。

可以用功能键 2(F1~F4)直接选择用户程序 U1~U10,参照循环程序的使用方法的直接选择的方法。

②确认落针位置是否正确,然后进行缝纫,参照缝纫图案。

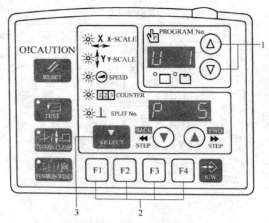

图 4-18　用户程序使用方法

1.△键或▽键　2.功能键 F1~F4　3. SELECT 键

　　如果按 SELECT 键 3,就可以确认所显示的用户程序内容(X 标尺,Y 标尺,缝纫速度等)。用户程序删除方法见表 4-18。

六、循环程序的使用方法

　　可以将已登录在用户程序中的缝纫图案登录在最多为 9 种(C-1~C-9)的循环程序中。

表 4-18　用户程序删除方法

步骤	删 除 方 法	
1	在按 TEST 键的同时按 SELECT 键: 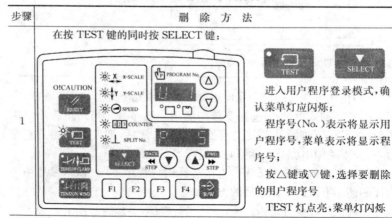	进入用户程序登录模式,确认菜单灯应闪烁; 程序号(No.)表示将显示用户程序号,菜单表示将显示序号; 按△键或▽键,选择要删除的用户程序号 TEST 灯点亮,菜单灯闪烁

续表 4-18

步骤		删 除 方 法
2	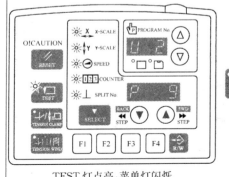用户程序全部删除	按 RESET 键，蜂鸣器鸣响，所选择的用户程序被删除。 被删除的用户程序如果已登录在循环程序中，则该用户程序所登录的程序步将成为空置状态。所以，不能删除循环程序。 按住 RESET 键 2s 或更长的时间，蜂鸣器鸣响，所有的用户程序都被删除。 如果已登录了循环程序，则循环程序也被全部删除

　　1 个循环程序最多可以设置 15 个程序步。要依次缝纫已决定的缝纫图案时，如果预先登录在循环程序中则更为方便。循环程序在存储器开关 No. 400 和 No. 401 为"ON"时有效。

（1）登录方法 登录方法见表 4-19。

表 4-19 登录方法

步骤	登 录 方 法
1	进入用户程序登录模式，在按 TEST 键的同时按 SELECT 键，请确认菜单灯应闪烁；程序号（No.）表示将显示用户程序号，菜单表示将显示程序号； 把要登录在循环程序中的缝纫图案登录在用户程序中 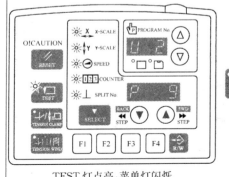 TEST 灯点亮，菜单灯闪烁

续表 4-19

步骤	登 录 方 法
2	进入循环程序登录模式,选择循环程序号,按功能键 F1~F4 中的某一个键; 程序号(No.)表示将显示循环程序号 C-1~C-4,菜单表示将显示[1.---]; 按功能键 F1~F4 或按△▽键来选择循环程序号 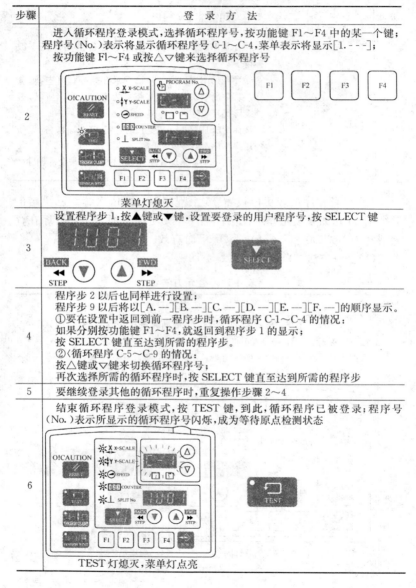 菜单灯熄灭
3	设置程序步1:按▲键或▼键,设置要登录的用户程序号,按 SELECT 键
4	程序步 2 以后也同样进行设置; 程序步 9 以后将以[A.--][B.--][C.--][D.--][E.--][F.--]的顺序显示。 ①要在设置中返回到前一程序步时,循环程序 C-1~C-4 的情况: 如果分别按功能键 F1~F4,就返回到程序步 1 的显示; 按 SELECT 键直至达到所需的程序步。 ②〈循环程序 C-5~C-9 的情况: 按△键或▽键来切换循环程序号; 再次选择所需的循环程序时,按 SELECT 键直至达到所需的程序步
5	要继续登录其他的循环程序时,重复操作步骤 2~4
6	结束循环程序登录模式,按 TEST 键,到此,循环程序已被登录;程序号(No.)表示所显示的循环程序号闪烁,成为等待原点检测状态 TEST 灯熄灭,菜单灯点亮

(2)使用方法 循环程序使用方法如图 4-19 所示。

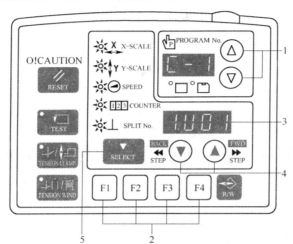

图 4-19 循环程序使用方法
1. △键或▽键 2. 功能键 F1～F4 3. 菜单表示
4. ▲键或▼键 5. SELECT

①按△键或▽键 1,选择要使用的循环程序号。当循环程序号闪烁时,如果踩下脚踩开关就进行原点检测。此后,即使改变循环程序号,只要不关闭电源开关就不必再进行原点检测。可以用功能键 F1～F42 直接选择循环程序号,参照循环程序使用方法的直接选择的方法。

②确认落针位置是否正确,然后进行缝纫,参考缝纫图案。

③所登录的用户程序将按照程序步依次执行,当最后的程序步结束时,菜单表示就返回到程序步 1 的显示。

如果按▲键或▼键 4,就可以返回到前一个程序步或跳到下一个程序步,不必重新进行原点检测。

如果按 SELECT 键 5,就可以确认所显示程序步的用户程序内容(X 标尺、Y 标尺、缝纫速度等)并进行更改。

在循环程序缝纫模式(存储器开关 No. 401 为"ON")时,如果没有被登录的循环程序,就以用户程序的号码依次进行缝纫。

(3)循环程序删除方法　循环程序删除方法见表4-20。

表4-20　循环程序删除方法

步骤	删　除　方　法
1	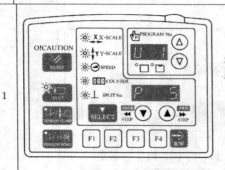 在按 TEST 键的同时按 SELECT 键,进入用户程序登录模式,确认菜单灯应闪烁 TEST 灯点亮,菜单灯闪烁
2	按功能键 F1～F4 中的某一个键,进入循环程序登录模式,按功能键 F1～F4 或按△▽键来选择要删除的循环程序号 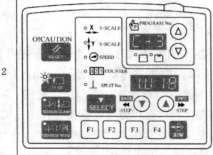 菜单灯熄灭
3	按 RESET 键,蜂鸣器鸣响,所选择的循环程序被删除 循环程序全部删除,按住 RESET 键 2s 或更长的时间,蜂鸣器鸣响,所有的循环程序都被删除。 　如果在循环程序登录后执行了用户程序的全部删除,则所登录的循环程序也被全部删除

(4)**直接选择的方法**　使用功能键可以直接选择用户程序号或循环程序号。使用功能键F1～F4可以选择 U1～U4、C-1～C-4,同时按几个组合的功能键 F1～F4(加法组合)可以选择 U5～U10、C-5～C-9。直接选择功能键组合见表4-21。

表 4-21　功能键组合

U5/C-5	U6/C-6	U7/C-7
F1 + F4	F2 + F4	F3 + F4
或者	或者	或者
F2 + F3	F1 + F2 + F3	F1 + F2 + F4
U8/C-8	U9/C-9	U10
F1 + F3 + F4	F2 + F3 + F4	F1 + F2 + F3 + F4

(5)**追加缝纫数据的读取**　应使用 32、64、128 或 256MB 的 CF 卡。本产品对应于 CF 卡的 FAT16 格式,不对应 FAT32 格式。追加缝纫数据的读取见表4-22。

表 4-22　追加缝纫数据的读取

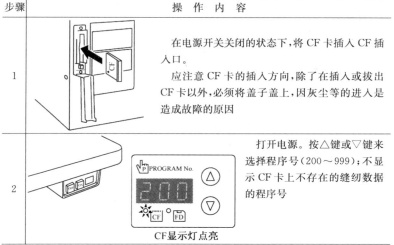

步骤	操作内容
1	在电源开关关闭的状态下,将 CF 卡插入 CF 插入口。 应注意 CF 卡的插入方向,除了在插入或拔出 CF 卡以外,必须将盖子盖上,因灰尘等的进入是造成故障的原因
2	打开电源。按△键或▽键来选择程序号(200～999);不显示 CF 卡上不存在的缝纫数据的程序号 CF显示灯点亮

续表 4-22

步骤	操 作 内 容
3	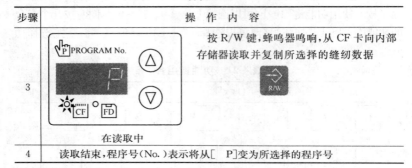按 R/W 键,蜂鸣器鸣响,从 CF 卡向内部存储器读取并复制所选择的缝纫数据 在读取中
4	读取结束,程序号(No.)表示将从[P]变为所选择的程序号

七、缝纫过程

缝纫过程如图 4-20 所示。

①打开电源。

②按△键或▽键 1,选择要缝纫的程序号。

③将脚踩开关踩到第 2 挡位置,进行原点检测。

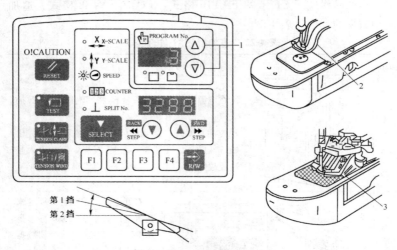

图 4-20　缝纫过程

1.△键或▽键　2.压脚　3.纽扣夹

④插入纽扣将布料放在纽扣夹 3 下面。

⑤将脚踩开关踩到第 1 档。纽扣夹 3 下降。

⑥将脚踩开关踩到第 2 档位置,缝纫机起动。

如果存储器开关 No. 003 为"ON",则当踩到第 1 档时,压脚 2 将下降到中间停止位置;而踩到第 2 档时就压住布料,与此同时缝纫机起动。

⑦缝纫一结束就剪线,然后纽扣夹 3 抬起。

第五节　直接驱动式计算机钉扣机的维修

一、清洁和检查

(1)旋梭的清洁　旋梭的清洁如图 4-21 所示。

①将大旋梭盖向下拉开,取出梭芯盒

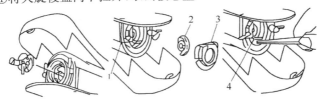

图 4-21　旋梭的清洁

1. 大旋梭固定柄　2. 中旋梭　3. 大旋梭　4. 旋托

②将大旋梭固定柄 1 朝箭头方向打开,取出大旋梭 3 和中旋梭 2。

③将梭托 4 四周、旋梭线导向上部及旋梭边缘的棉尘和线屑等擦干净。

(2)控制箱进气口的清洁　控制箱进气口的清洁如图 4-22 所示。应每月一次用吸尘器清洁控制箱 1 及进气口 2 处的滤网。

(3)更换润滑油　更换润滑油如图 4-23 所示。注油器瓶 1 内积满了污油,应拆下油瓶将污油倒掉更换新油,再将注油器瓶拧入到原来位置。

(4)护眼板的清洁　挤眼板的清洁如图 4-24 所示。护眼板污秽时,应用软布将其擦拭干净。

请勿使用有机溶液,如汽油或稀释剂清洁护眼板。

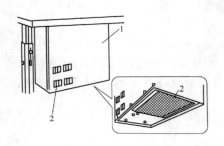

图 4-22   控制箱进气口的清洁

1. 控制箱   2. 进气口

图 4-23   更换润滑油

1. 注油器瓶

(5)机针的检查   缝纫开始前先确认针头有否断裂,机针有否弯曲。

二、加油

必须经常润滑钉扣机。第一次使用钉扣机或长时间未使用钉扣机时,要补充机油。加油如图 4-25 所示。

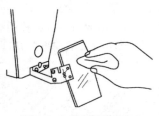

图 4-24   护眼板的清洁

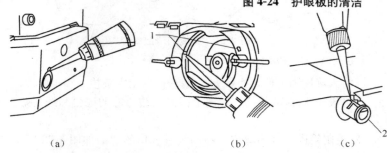

(a)   (b)   (c)

图 4-25   加油

(a)给油箱注入机油   (b)给大旋梭本体组件两个孔 1 注入机油,使毛毡上含有微量的机油   (c)如果使用冷却液箱 2 则应注入硅油

1. 孔   2. 冷却液箱

当油面下降到油面指示窗的 1/3 左右时,请务必加注机油。如果油面下降到油面指示窗的 1/3 以下,则可能会因机器烧伤等而导致故障。如果大旋梭本体组件的毛毡上没有机油,则可能会引起缝纫

故障。

三、添加润滑脂

当电源开关打开时,如果程序号(No.)表示 1 和菜单表示 2 所显示的"GrE""AS. UP"闪烁,且蜂鸣器鸣响,则意味着需要添加润滑脂,此时,即使踩下脚踩开关,钉扣机也不工作。按需要添加润滑脂,如图4-26 所示。

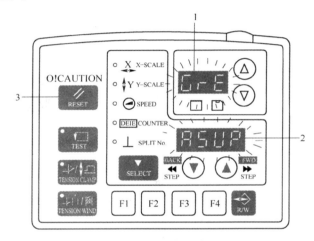

图 4-26 加润滑脂

1. 程序号(No.)表示 2. 菜单表示 3. RESET 键

(1)暂时不添加润滑脂继续缝纫 暂不添加润滑脂时,按 RESET键 3,程序号(No.)表示 1 和菜单表示 2 变为通常的显示,如果踩下脚踩开关就可进行缝纫。

每次打开电源时,如果显示"GrE""AS. UP"就应添加润滑脂并执行复位操作。"GrE""AS. UP"通知出现后如不添加润滑脂(或不执行复位操作)而继续使用钉扣机,过一段时间后,"E100"将出现,为安全起见,钉扣机将强行停止工作。此时,添加润滑脂并执行复位操作。

如果在不添加润滑脂的状态下进行复位操作并继续运转钉扣机,则会造成钉扣机故障。

(2)添加润滑脂 按照图 4-27 所示箭头标记的部位添加润滑脂。

关闭电源开关,拧下固定螺钉2,查出需要添加润滑脂的部位,用手转动钉扣机手轮使针杆上下运动,与此同时向每个孔注入润滑脂,直到润滑脂略微溢出。

加脂操作如图4-28所示,通过拧紧固定螺钉1,将润滑脂压入。用手转动手轮,上下移动针杆数次以便润滑脂散开。用布擦去溢出在固定螺钉周围的润滑脂。以同样的方法,给各个部位添加润滑脂,进行复位操作。

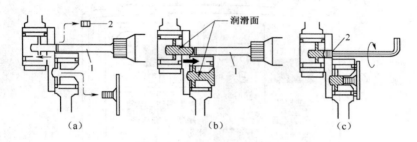

图 4-27　添加润滑脂

(a)将软管1的喷嘴插入孔口　(b)一边压紧软管1一边用力推软管,将润滑脂注入每个孔　(c)拧紧固定螺钉2将润滑脂压入

1. 软管　2. 固定螺钉

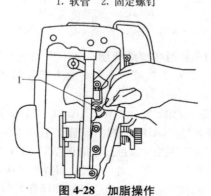

图 4-28　加脂操作

1. 固定螺钉

(3)润滑脂添加部位　润滑脂添加部位如图4-29所示。转动钉扣

机的带轮,一直转到能看见止头螺钉1的位置。在拧下固定螺钉2时,请注意不要掉落。

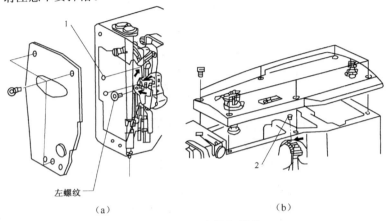

左螺纹
（a）　　　　　　　　　　　　（b）

图4-29　润滑脂添加部位
1. 止头螺钉　2. 固定螺钉

　　润滑脂开封后应从软管取下喷嘴,盖紧盖子并保管在阴暗处。尽早将管内的润滑脂全部用完。要再次使用时,应当先除去残留在喷嘴内旧的润滑脂,然后再使用。

　　(4)润滑脂添加计数器的复位方法　　润滑脂添加计数器的复位方法如图4-30所示。

　　在完成添加润滑脂后,按照下述步骤进行复位操作,以清除润滑脂添加前的累计针数。

　　①打开电源。程序号(No.)表示1和菜单表示2所显示的"GrE""AS. UP"将闪烁,蜂鸣器鸣响。

　　②按RESET键3,程序号(No.)表示1和菜单表示2将变为通常的显示状态。

　　③在按TEST键4的同时按△键5。程序号(No.)表示1将显示"GrS",菜单表示2将以10万针为单位显示润滑脂添加前的累计针数。

　　在按着▲键6时,程序号(No.)表示1和菜单表示2将以100针为单位显示7位的合计值。

④按▼键 7 累计针数显示值变为"0000"。

⑤按住 RESET 键 3,2s 或更长的时间(复位操作完成)。

⑥如果按 TEST 键 4,显示将返回到通常的状态。

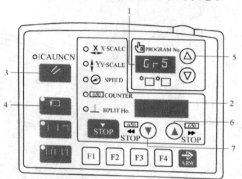

图 4-30　润滑脂添加计数器的复位方法

1. 程序号(No.)表示　2. 菜单表示　3. RESET 键

4. TEST 键　5.△键　6.▲键　7.▼键

四、误码表

机器发生故障时,蜂鸣器鸣响,显示窗上显示错误代码。可根据错误代码查出故障的原因并排除。

①开关方面的故障及排除方法见表 4-23。

表 4-23　开关方面的故障及排除方法

错误代码	故障原因	排除方法
E025	脚踩开关被踩到第 2 挡后一直保持在该位置	关闭电源,确认脚踩开关
E035	脚踩开关被踩到第 1 挡后一直保持在该位置	关闭电源,确认脚踩开关
E050 E051 E055	在钉扣机机头倒下的状态下踩下了脚踩开关,或操作了操作盘;或者在钉扣机起动中倒下了缝纫机头	关闭电源,竖起钉扣机机头;确认主基板插头的 8 号引脚的插入状况
E065	打开电源时,操作盘的开关处于按着状态或开关不良	关闭电源,确认操作盘

②送料方面的故障及排除方法见表4-24。

表4-24　送料方面的故障及排除方法

错误代码	故障原因	排除方法
E200	不能检测 X 轴送料电动机的原点, X 轴送料电动机异常或 X 轴原点传感器连接不良	关闭电源,确认 PMD 基板插头的 10 号引脚和主基板插头的 2 号引脚的插入状况
E201	X 轴送料电动机异常停止了	关闭电源,确认 X 轴送料方向是否异常
E202	X 轴送料或 Y 轴送料电动机的原点调整数据异常	重新进行原点调整
E210	不能检测 Y 轴送料电动机的原点, Y 轴送料电动机异常或 Y 轴原点传感器连接不良	关闭电源,确认 PMD 基板插头的 8 号引脚和主基板插头的 3 号引脚的插入状况
E211	Y 轴送料电动机异常停止了	关闭电源,确认 Y 轴送料方向是否异常

③主轴电动机方面故障及排除方法见表4-25。

表4-25　主轴电动机方面的故障及排除方法

错误代码	故障原因	排除方法
E100	在显示"GYS""AS. UP"后,经过了一定时间仍不添加润滑脂(不进行复位操作)	添加润滑脂,执行复位操作
E110	起针停止位置的故障	转动手轮,将刻印对准起针停止位置
E111	钉扣机停止时上轴没有在针上位置停止	转动手轮,将刻印对准起针停止位置
E121	线没有切断	关闭电源,确认固定刀、移动刀的刃部是否已经磨损
E130	钉扣机电动机异常停止,或是同步器不良	关闭电源,转动手轮以确认钉扣机是否被锁住;确认电源电动机基板插头的 4、5 号引脚的插入状况
E130	同步器接触不良	关闭电源,确认电源电动机基板插头 P5 的插入状况

④压脚方面的故障及排除方法见表4-26。

表4-26   压脚方面的故障及排除方法

错误代码	故障原因	排除方法
E300	不能检测压脚原点,压脚电动机异常或压脚原点传感器连接不良	关闭电源,确认PMD基板插头的3号引脚和主基板插头的4号引脚的插入状况
E301	不能检测压脚的上升和下降	关闭电源,确认压脚的上下方向有无异常

⑤通信或记忆存储器方面的故障及排除方法见表4-27。

表4-27   通信或记忆存储器方面的故障及排除方法

错误代码	故障原因	排除方法
E450	不能从机头存储器读取机型选择数据	关闭电源,确认电源电动机基板插头的3号引脚的插入状况

⑥数据编辑方面的故障及排除方法见表4-28。

表4-28   数据编辑方面的故障及排除方法

错误代码	故障原因	排除方法
E500	由于放大设置,缝纫数据超出了可缝纫范围	再次设置放大倍率
E501	读取了超出钉扣机可能缝纫范围的缝纫数据	确认缝纫数据的大小
E502	由于放大设置,数据间隔超出了最大间隔12.7mm	再次设置放大倍率
E530		禁止变更程序号

⑦装置方面的故障及排除方法见表4-29。

表4-29   装置方面的故障及排除方法

错误代码	故障原因	排除方法
E690	线夹原点不正确	关闭电源,清除针板里侧的棉尘;确认主基板插头的12号引脚的插入状况

续表 4-29

错误代码	故障原因	排除方法
E691	线夹退避位置不正确	确认面线残留量是否太长； 关闭电源，清除针板里侧的棉尘； 确认主基板插头的 12 号引脚的插入状况

⑧基板方面的故障及排除方法见表 4-30。

表 4-30　基板方面的故障及排除方法

错误代码	故障原因	排除方法
E700	电源电压异常升高	关闭电源，确认输入电压
E705	电源电压异常下降	关闭电源，确认输入电压
E740	冷却风扇不工作	关闭电源，确认是否被线屑等缠住了； 确认主基板插头的 18 号引脚的插入状况

第五章　重机 AMB-289 型高速电子单线环绕线钉扣机

第一节　钉扣机适用纽扣规格与调整

一、钉扣机的规格

钉扣机的规格见表 5-1。

表 5-1　钉扣机的规格

项　目	规　格
缝纫速度/(r/min)	最高速度:1800（绕线）、1200（钉扣） 常用速度:1500（绕线）、1000（钉扣）
纽扣尺寸/mm	平缝:8～38 绕线:最大 32 计数纽扣:8～25 计数纽扣的绕线:缝料和表面纽扣合计至 32
使用机针	SM332EXTLG-NY（标准）　12#～18#
针杆挑线杆行程/mm	60
机针摆动方式	脉冲电动机驱动
送布方式	脉冲电动机驱动
压脚提升方式	脉冲电动机驱动
布压脚方式	空气驱动
切线方式	空气驱动

续表 5-1

项　目	规　格
线张力调整	有效张力(VCM)方式
外形尺寸/mm	600×400×600
机头质量/kg	65
可以记忆数据数量	最多 99 图案
循环缝制数	登记图案数 20 图案(1 循环 30 图案)
循环缝制数	登记图案数 20 图案(1 循环 30 图案)
基本形状设定范围	扣眼间距:1.5～6.0mm(以 0.1mm 为单位) 绕线高度:1.5～10.0mm(以 0.1mm 为单位) 交叉线数:2～64 条(以 2 条为单位)
图案选择	指定图案号码方式(滚动 1～99 图案)
存储器后备	图案数据、缝制、循环缝制数据
缝制计数	缝制次数计数方式(0～9 999),缝制计数也可以
电源	单相 200V、220V、230V 和 240V

二、纽扣规格

(1)四眼和两眼纽扣　纽扣的尺寸名称如图 5-1 所示。四眼和两眼纽扣规格见表 5-2。

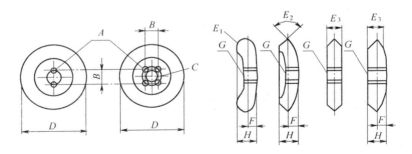

图 5-1　纽扣的尺寸名称

表 5-2　四眼和两眼纽扣规格

尺寸名称	尺寸规格
扣眼的口径 A/mm	使用机针:$12^{\#}\sim16^{\#}$ 时为 $\phi1.5$ 以上
	使用机针:$16^{\#}\sim18^{\#}$ 时为 $\phi2$ 以上
扣眼间的距离 B/mm	$1.5\sim6.0$(以 0.1mm 为单位)
扣眼 C	所有纽扣眼应距离纽扣中心均等
扣眼 G	所有纽扣眼应距离纽扣中心均等
外径 D/mm	最小外径 $\phi8$
	最大外径 $\phi32$
	线尺寸 ±0.25 以内
纽扣端圆形 E_1	纽扣端的半径 R 在 3mm 以内
纽扣端 V 形 E_2	角度在 $120°$ 以内
纽扣端方形 E_3	厚度在 5mm 以下
凸起部厚度 F/mm	5 以下
纽扣的厚度 H/mm	8 以下

(2)柄扣、云石扣　柄扣、云石扣的尺寸名称如图 5-2 所示。柄扣、云石扣规格见表 5-3。

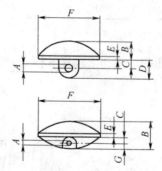

图 5-2　柄扣、云石扣的尺寸名称

表 5-3　柄扣、云石扣规格　　　　　　(mm)

尺寸名称	尺寸规格
扣眼口径 A	$\phi1.5$ 以上
纽扣厚度 B	6.8 以下
至扣眼中心的距离 C	柄扣 $1\sim6$
	云石扣 1.5 以上

续表 5-3

尺寸名称	尺寸规格
扣柄长度 D	8 以下
扣眼侧面直线部 E	3.5 以下
外径 F	最小 $\phi8$ 最大 $\phi32$
从扣眼中心到纽扣端面的距离 G	2 以下

注:使用供扣器时,有的形状不能使用。

(3)力扣　力扣的尺寸名称如图 5-3 所示。力扣规格见表 5-4。

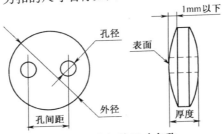

图 5-3　力扣的尺寸名称

表 5-4　力扣规格　　　　　　　　　　(mm)

规格	外径	孔径	孔间距	厚度
A 型	8.5	2.5	3.1	2.0
B 型	102	3.2	4.0	2.0

注:推荐使用力扣表面凸部量在 1 mm 以下的纽扣。

(4)计数器扣　计数器扣的尺寸名称如图 5-4 所示。计数器扣规格见表 5-5。

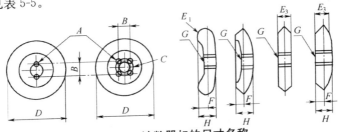

图 5-4　计数器扣的尺寸名称

表 5-5　计数器扣规格 　　(mm)

尺寸名称	尺寸规格
扣眼的口径 A	使用机针:12#～16#时为 φ1.5 以上
	使用机针:12#～16#时为 φ2 以上
扣眼间的距离 B	1.5～6.0(以 0.1mm 为单位)
扣眼 C	所有纽扣眼应距离纽扣中心均等
外径 D	最小外径 φ8
	最大外径 φ25
纽扣端圆形 E_1	纽扣端的半径 R 在 2 以内
纽扣端方形	厚度在 5 以下 E_3
纽扣端高度 F	2 以下
扣眼附近的表面 G	平滑
纽扣的厚度 H	5 以下

三、钉扣机的调整

(1)针杆高度的调整　针杆高度的调整如图 5-5 所示。机针的规格见表 5-6。使用附属同步规尺时,旋松螺钉 1,SM332EXTLG-NY(标准针)时 A 面,SM332SUPLG-NY 时 B 面,当针杆下降到下止点时,将 A、B 面调整到与针板高度一致,必须在机针摆动原点(刻线)进行调整。

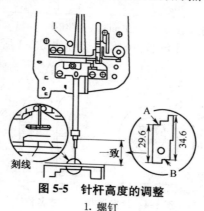

图 5-5　针杆高度的调整
1. 螺钉

表 5-6 机针的规格

货 号	机 针 号 码
MSM3AAN1100	机针 SM332EXTLG－NY11#
MSM3AAN1200	机针 SM332EXTLG－NY12#
MSM3AAN1400	机针 SM332EXTLG－NY14#
MSM3AAN1600	机针 SM332EXTLG－NY16#
MSM3AAN1800	机针 SM332EXTLG－NY18#
MSM3ABN1100	机针 SM332SUPLG－NY11#
MSM3ABN1200	机针 SM332SUPLG－NY12#
MSM3ABN1400	机针 SM332SUPLG－NY14#
MSM3ABN1600	机针 SM332SUPLG－NY16#
MSM3ABN1800	机针 SM332SUPLG－NY18#

(2)机针和弯针间隙的调整 机针和弯针间隙的调整如图 5-6 所示,使用附属同步规尺时,当针杆高度与 SM332EXTLG-NY(标准针)时的 C 面和 SM332SUPLG-NY 时的 D 面一致时,旋松两个螺钉 1,移动弯针 2,然后拧紧螺钉 4,把机针和弯针的间隙调整为 0.05～0.1 mm。另外从正面观察,应把机针 3 的左位置和弯针 2 前端调整为一致。

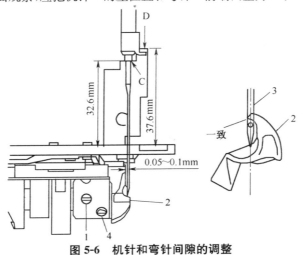

图 5-6 机针和弯针间隙的调整

1、4. 螺钉 2. 移动弯针 3. 机针

(3)靠线位置的调整 靠线位置的调整如图 5-7 所示。

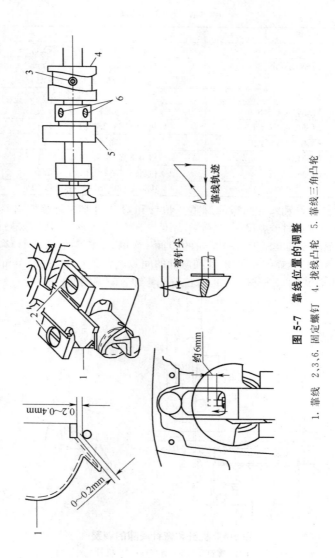

图 5-7　靠线位置的调整

1. 靠线　2、3、6. 固定螺钉　4. 挠线凸轮　5. 靠线三角凸轮

①针杆在下止点位置时,靠线 1 与机针的间隙前后为 0.2～0.4mm、左右为 0～0.2mm。

②靠线 1 左右位置的调整时,旋松固定螺钉 2,左右移动靠线 1。

③旋松固定螺钉 3,前后移动拢线凸轮 4,调整靠线 1 的前后位置,然后把针杆降至下止点,把拢线凸轮 4 和刻线移动到正下方,用固定螺钉 3 来调整,此时拢线凸轮 4 连动同步。

④拢线连动的同步时间是在弯针尖刚刚通过线的三角后,拢线从左向右开始后退,至距离针杆下止点上升约 6mm 后的位置。

⑤调整时,应旋松靠线三角凸轮 5 的固定螺钉 6,向转动方向进行调整。出厂时,拢线凸轮 4 和靠线三角凸轮 5 上有电子笔标记,应将其作为同步调整的标记。

⑥旋松拢线凸轮 4 的固定螺钉 3,朝转动方向转动,调整靠线运动轨迹,在机针上升时,保持机针和靠线的间隙(0～0.2mm)变成三角形。

(4)机针和针导向器间隙的调整　机针和针导向器间隙的调整如图 5-8 所示。

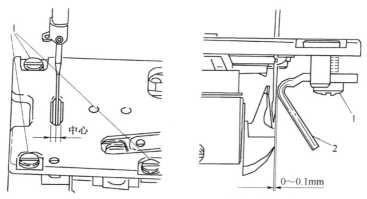

图 5-8　机针和针导向器间隙的调整

1. 螺钉　2. 针导向器

①机针和针板位置的调整。旋松螺钉 1,调整针板,让机针进入针孔的中心。

②针杆到达下止点时,旋松螺钉 1,把针导向器 2 和机针的间隙调整为 0～0.1 mm。

(5)活动刀位置的调整　活动刀位置的调整如图 5-9 所示。

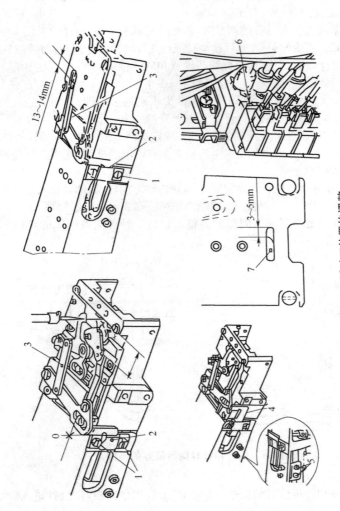

图 5-9　活动刀位置的调整

1.5. 螺钉　2. 止动器　3. 固定刀环　4. 活动刀环　6. 锁定器　7. 活动刀

　　①待机位置的调整。旋松螺钉 1,把固定刀环 3 端面和针板槽端的尺寸调整为 13～14mm,然后移动止动器 2 调整间隙,调整完毕后固定螺钉 1。

　　②切线位置的调整。在断路器接通的状态下(电磁阀 No.14),把活动刀 7 的刀尖和针板的长孔右端的间隙调整为 3～5mm。然后,旋松螺钉 5,移动气缸,产生小间隙,调整完毕后固定螺钉 5。调整后,应确认活动刀环 4 是否动作灵活,操作结束后不要忘记解除电磁阀的锁定器 6。

(6)活动刀分线爪的调整　活动刀分线爪的调整如图 5-10 所示。

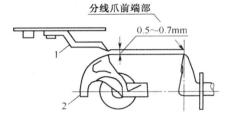

图 5-10　活动刀分线爪的调整
1. 分线爪　2. 弯针

　　用螺钉旋具将分线爪 1 弄弯,把分线爪 1 和弯针 2 间隙调整为 0.5～0.7mm。

(7)挑线杆机构的调整　挑线杆机构的调整如图 5-11 所示。

　　①关闭断路器,让挑线杆 1 出来。

　　②在缝纫机停止位置(针杆上止点),用固定螺钉 5、6 调整挑线杆气缸安装座 3 和 4,把机针 2 前端和挑线杆 1 上面的上下间隙调整为 3～5mm,把机针 2 前端和挑线杆 1 的夹线部左右尺寸调整为 6～8mm。

　　③在气缸 8 的行程范围内,把挑线杆 1 和弹簧 7 调整为均等相接,然后固定弹簧 7。

　　④用弹簧 9 调整线的夹持力。

　　⑤调整夹持力时,应在夹持 50$^{\#}$缝线后拧紧固定螺钉 10,把夹持力调整为 20～25g,可以拔出缝线为准。

(8)纽扣卡打开机构的调整　纽扣卡打开机构的调整如图 5-12 所示。更换成手放纽扣模式后,让钩 1 立起,可以把开放量调整小一些。

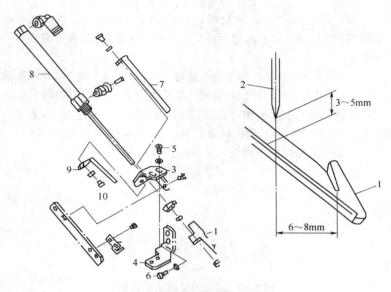

图 5-11　挑线杆机构的调整
1.挑线杆　2.机针　3、4.挑线杆气缸安装座　5、6、10.固定螺钉
7、9.弹簧　8.气缸

旋松螺钉2,左右移动钩3,调整开放量。更换成供扣动作模式后,不要忘记解除钩1。

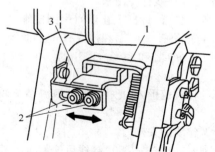

图 5-12　纽扣卡打开机构的调整
1、3.钩　2.螺钉

四、日常保养

(1)纽扣设置销的更换(选购品) 附件的更换如图 5-13 所示。纽扣设置销的规格见表 5-7。

更换纽扣设置销 2 时,旋松旋钮 1 进行更换,但是更换表 5-7 中所列设置销时,应卸下旋钮 1,然后重新安装到 B 侧的螺孔上。

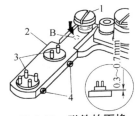

图 5-13　附件的更换
1. 旋钮　2. 纽扣设置销
3. 载扣销　4. 螺钉

表 5-7　纽扣设置销的规格

No	图　例	货　号	品　名
1		17974045	云石纽扣用设置销
2		17974254	柄扣用设置销($\phi1.5\sim\phi2.0$mm)
3		17974452	柄扣用设置销($\phi2.0$mm 以上)
4		40023428	金属纽扣用设置销

(2)载扣销的更换 如图 5-13 所示,更换载扣销 3 时,旋松螺钉 4 进行更换,此时载扣销的高度应调整为距离设置销上面 $0.3\sim0.7$mm。

(3)压脚舌的更换 使用旧机型 AMB-189N 的标准 4 眼压脚舌时,应同时更换压脚舌止动导向器。

①压脚舌的更换如图 5-14 所示,卸下螺钉 1,即可更换压脚舌 2。

②卸下螺钉 3,把压脚舌止动导向器 4 更换成附件压脚舌止动导

向器 5。最后应变更存储器开关等级。

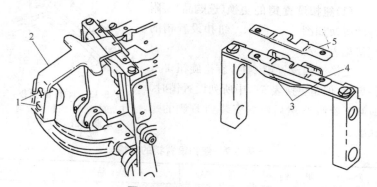

图 5-14　压脚舌的更换

1、3. 螺钉　2. 压脚舌　4、5. 止动导向器

(4)熔体的更换　熔体的更换如图 5-15 所示。

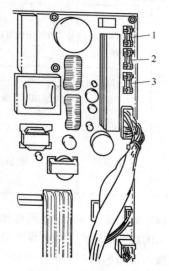

图 5-15　熔体的更换

1、2、3. 熔体

熔体 1 为脉冲电动机电源保护用 5A 延时熔体;熔体 2 为电磁、脉

冲电动机电源保护用 3.15A 延时熔体；熔体 3 为控制电源保护用 2A
速断型熔体。

（5）涂润滑脂的部位　涂润滑脂应以 6 个月左右为期限定期涂抹
润滑脂，或者依据操作盘上的显示再涂抹润滑脂。专用润滑脂有三种。
润滑脂管（绿色）应在齿条齿和凸轮部分涂抹。涂润滑脂的部位如图 5-
16 所示。

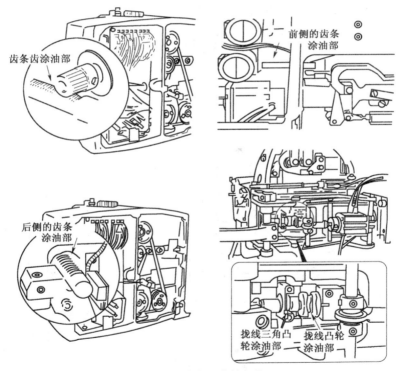

齿条齿涂油部

前侧的齿条
涂油部

后侧的齿条
涂油部

拢线三角凸　　拢线凸轮
轮涂油部　　　涂油部

图 5-16　涂润滑脂的部位

①卸下后护罩，向 Y 形上传送齿条齿部位涂抹润滑脂。

②卸下后护罩和侧面护罩，向 Y 形下传送齿条齿部位涂抹润滑
脂。把下单元移动到最前方，向齿条部位的前部涂抹润滑脂；把下单元
移动到最后方，向齿条部位的后部涂抹润滑脂。

③向拢线凸轮的拢线三角凸轮部位涂抹润滑脂,放倒机头,卸下弯针护罩,用手转动手轮,向拢线三角凸轮部位涂抹润滑脂时,应使用重机润滑脂 A 管(白色)。

第二节 操作盘的操作

一、操作盘各部件名称及功能

①操作盘各部件名称及功能见表 5-8。

表 5-8 操作盘各部件名称及功能

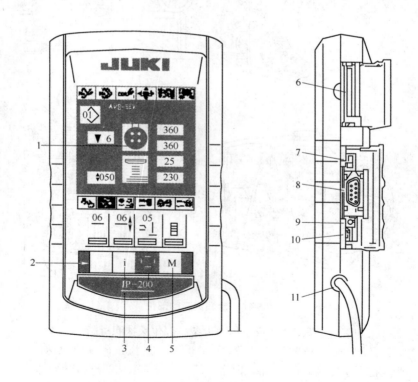

续表 5-8

件号	名 称	功 能
1	触摸盘/液晶显示器	
2	○ 准备键	进行数据输入画面和缝纫画面的变换
3	i 信息键	进行数据输入画面和信息画面的变换
4	通信键	进行数据输入画面和通信画面的变换
5	M 模式键	进行数据输入画面和各种详细设定变换画面的变换
6	方便媒体卡插口(关上盖子后再使用)	
7	滑动开关(未使用/OFF)	
8	RS-232C 通信用插头	
9	彩色液晶画面对比度调节旋钮	可以调整画面对比度,应适当地调整
10	外部输入用插头	
11	电缆线	

②在 IP-200 的各画面上进行通用操作的通用键及功能见表 5-9。

表 5-9 通用键名称及功能

名 称	功 能
取消键	关闭突起画面。数据变更画面时,取消变更中的数据
确定键	确定变更了的数据
上滚动键	向上方向滚动键或显示
下滚动键	向下方向滚动键或显示
复位键	解除异常

续表 5-9

名　　称	功　　能
No. 数字输入键	显示＋数字键，可以进行数字输入
No. 缝纫数据显示键	显示对应选择中的图案 No. 的缝纫数据
文字输入键	显示文字输入画面

二、基本操作

(1)打开电源开关　首先接通电源开关，欢迎画面显示后，数据输入画面被显示出来。

(2)选择缝纫图案 No.　选择缝纫图案 No. 如图 5-17 所示，接通电源后，显示出数据输入画面，在画面上部显示出当前选择的图案 No.，按键 1，可以选择图案 No.。

(3)设定成可以缝纫的状态　如图 5-17 所示。按准备键 2 后，电源"OFF"禁止画面被显示，此画面被显示期间进行缝纫准备，变成可以缝纫的状态后液晶显示背景色。有关缝纫画面如图 5-18 所示。

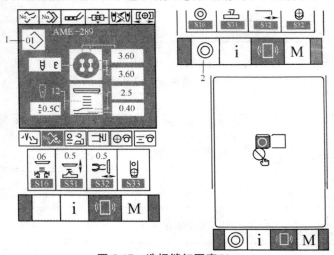

图 5-17　选择缝纫图案 No.
1. 键　2. 准备键

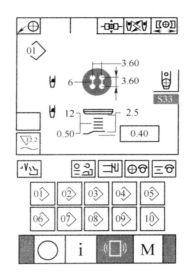

图 5-18　缝纫画面

　　(4)缝料的放置　缝料和纽扣的放置方法、缝纫方法不同,安装方法也不同。如图 5-19 所示,先踩脚踏板 A ,后踩脚踏板 B ,让装置动作同时进行。

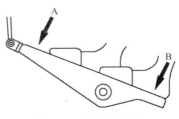

图 5-19　缝料的放置

A、B—脚踏板

(5) 捞缝平缝时的操作　捞缝平缝时的操作如图 5-20 所示。

①把纽扣 2 放置到纽扣供料器 1 后踩脚踏板,把纽扣插入纽扣卡 3 里。未使用供料器时,应后踩脚踏板打开纽扣卡。

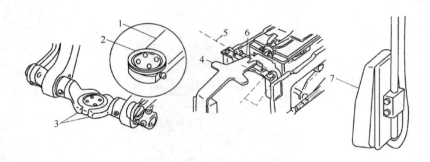

图 5-20　捞缝平缝时的操作

1. 纽扣供料器　2. 纽扣　3. 纽扣卡　4. 舌　5. 缝料　6. 止动器　7. 开始开关

②把缝料 5 放到舌 4 里,并顶到止动器 6。后踩脚踏板,放开舌 4。

③向前踩脚踏板之后,纽扣卡下降到缝纫位置,变成可以缝纫的状态。存储器开关数据 ▊U01▊ 踏板动作模式通过设定纽扣卡自动下降到缝纫位置。

④接通开始开关 7,开始缝纫。

(6) 合缝时的操作　合缝时的操作如图 5-21 所示。

①把纽扣 2 放到纽扣供料器 1 后踩脚踏板,把纽扣插入纽扣卡 3 里。未使用供料器时,应后踩踏脚踏板打开纽扣卡,用手将纽扣放入纽扣卡。

②把缝料 4 放到机针下面,把舌顶到止动器,向前踩脚踏板,降下布料压脚 5 后固定缝料;向相反方向踩脚踏板的话,则放开布料压脚。

③向前踩脚踏板之后,纽扣卡下降到缝纫位置,变成可以缝纫的状态。存储器开关数据 ▊U01▊ 踏板动作模式通过设定纽扣卡自动下降到缝纫位置。

④接通开始开关 6,开始缝纫。

(7) 力扣计数器的操作　力扣计数器的操作如图 5-22 所示。

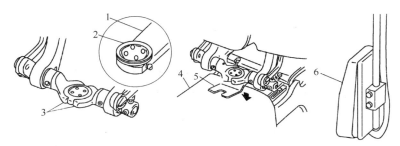

图 5-21 合缝时的操作

1. 纽扣供料器 2. 纽扣 3. 纽扣卡 4. 缝料 5. 布料压脚 6. 开始开关

①把纽扣 2 放到纽扣供料器 1 后踩脚踏板,把纽扣插入纽扣卡 3 里。未使用供料器时,应后踩脚踏板打开纽扣卡,用手将纽扣放入纽扣卡。

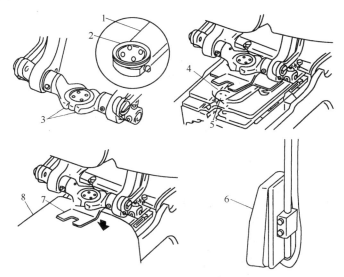

图 5-22 力扣计数器的操作

1. 纽扣供料器 2. 纽扣 3. 纽扣卡 4. 下纽扣 5. 下板纽扣安放部
6. 开始开关 7. 缝料压脚 8. 缝料

②把下纽扣 4 插入到下板纽扣安放部 5。

③把缝料 8 放到机针下面,把舌顶到止动器,向前踩脚踏板,降下缝料压脚 7 后固定缝料;向相反方向踩脚踏板的话,则放开缝料压脚。

④向前踩脚踏板之后,纽扣卡下降到缝纫位置,变成可以缝纫的状态。存储器开关数据 UO1 踏板动作模式通过设定纽扣卡自动下降到缝纫位置。

⑤接通开始开关 6,开始缝纫。

(8)绕线缝纫时的操作　绕线缝纫时的操作如图 5-23 所示。

①把绕线缝纫装置 1 安装到下板镶嵌孔。

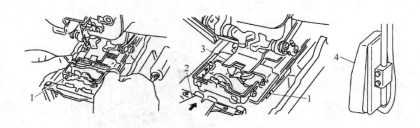

图 5-23　绕线缝纫时的操作
1. 绕线缝纫装置　2. 舌　3. 缝料压脚　4. 开始开关

②用手安放舌 2,将缝料压脚 3 下降,固定绕线缝纫装置 1。向反方向踩脚踏板的话,则放开绕线缝纫装置 1。

③把缝料放到绕线缝纫装置 1 上。

④向前踩脚踏板后,把缝料传送到缝纫开始的位置。再次向前踩脚踏板后,则返回到缝料放置位置。

⑤接通开始开关 4,开始缝纫。

三、单独缝纫时的液晶显示

①数据输入键及内容见表 5-10。

表 5-10 数据输入键及内容

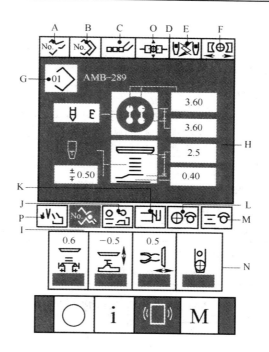

记号	显 示	内 容
A	图案新登记键	图案 No. 新登记画面被显示出来
B	图案复制键	缝纫数据复制画面被显示出来
C	图案名称设定键	缝纫图案名称输入画面被显示出来
D	显示图案名称	显示选中的缝纫图案里被输入的名称
E	机针更换键	检索原点,下降机针,显示机针更换画面
F	纽扣卡开闭键	开闭纽扣卡,在按下键时,打开纽扣卡
G	图案选择键	选中的图案 No. 被显示后,按此键图案 No. 变更画面被显示出来

续表 5-10

记号	显　　示	内　　　　容
H	图案内容显示	显示目前选择的图案 No. 中登记的图案内容,各显示部分变成纽扣,可以进行变更;缝纫方式不同,其显示内容也有可能不同
I	缝纫数据变更键	缝纫数据一览画面被显示出来
J	转速设定键	显示转速设定画面,可以在画面上变更钉扣转速和绕线转数
K	力线设定键	显示力线设定显示画面,仅在捞缝、捞缝合缝时显示,在画面上可以设定力线
L	钉扣线张力设定键	显示钉扣线张力设定画面
M	绕线张力设定键	显示绕线张力设定画面
N	管理键	可以把使用频度较高的缝纫数据设定到 4 个按键,按键之后,显示出被设定的缝纫数据变更画面
O	纽扣卡调整键	纽扣卡调整画面显示出来
P	步骤键	按下按钮之后,显示落针点的输入和确认的步骤画面

②缝纫输入键及内容见表 5-11。

表 5-11　缝纫输入键及内容

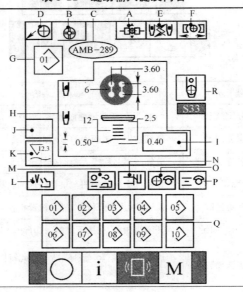

续表 5-11

记号	显示	内　容
A	纽扣卡调整键	显示纽扣卡调整画面
B	纽扣中心调整键	在初期状态不能显示
C	显示图案名称	显示缝纫中的图案数据设定的图案名称
D	供料器动作键	按下按钮后,供料器动作,把纽扣放入纽扣卡
E	机针更换键	下降机针,显示机针更换画面
F	纽扣卡开闭键	开闭纽扣卡,在按下按钮时,打开纽扣卡
G	图案 No. 显示	显示缝纫中的图案 No.
H	图案内容显示	显示目前选择的图案 No. 中登记的图案内容,缝纫方式不同,其显示内容也有可能不同;在缝纫画面,仅可以设定捞缝量
I	捞缝量设定键	可以设定捞缝量
J	计数器值变更键	在按键上,显示目前的计数值,按下键后,计数值变更画面被显示出来
K	计数器变更键	可以变换缝纫计数器/件数计数器的显示
L	步骤键	按下按钮之后,显示输入,确认落针点的步骤缝画面
M	转速设定键	显示转速设定画面
N	力线设定键	显示力线设定画面,仅在捞缝、捞缝合缝时显示,并可以设定力线
O	钉扣线张力设定键	显示钉扣线张力设定画面
P	绕线张力设定键	显示绕线张力设定画面
Q	直接键	变换为纽扣上登记的图案 NO.
R	送扣器选择键	在纽扣上目前选中的送扣器被显示出来,按下按钮后,可以变更送扣器的状态

第三节　设定数据

一、图案选择与设名称

(1)**选择图案 No.** 选择图案 No. 如图 5-24 所示。

①显示数据输入画面。仅数据输入画面(蓝色)时可以选择图案No.,如果是在缝纫画面(绿色)时,应按准备键1,显示数据输入画面。

②调出图案 No. 选择画面。按图案 No. 选择键2之后,图案 No.选择画面被显示出来。在画面上部,显示出现被选择的图案 No. 和其内容;在画面下部,显示被登记的图案 No. 按键一览。

③选择图案 No.。按上、下滚动键5之后,登记的图案 No. 按键3顺序变更。在按键上,显示出图案 No. 输入的缝纫数据内容,这时应按想选择的图案 No. 按键3输入缝纫数据内容。

④结束选择。按确定键4之后,关闭图案 No. ,选择画面后结束选择。

想清除被登记的图案时,应按键6,但是循环缝登记的图案不能删除。

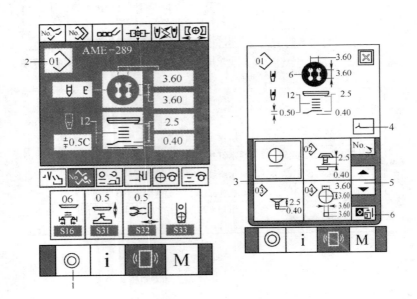

图 5-24　选择图案 No.
1. 准备键　2、3、5、6. 键　4. 确定键

(2)设图案名称　设图案名称如图 5-25 所示。

①显示数据输入画面。仅数据输入画面(蓝色)时可以选择图案名称,如果是在缝纫画面(绿色)时,应按准备键 1,显示数据输入画面(蓝色)。

②调出文字输入画面。按文字输入按键 2 之后,文字输入画面被显示出来。

③文字输入。按文字按键 3,可以输入文字(A～Z,0～9)、符号(＋、－、丶、♯)等,最多可以输入 14 个文字,也可用光标输入,按键 4 向左移动光标,按键 5 向右移动光标。想清除输入的文字时,把光标移动到想清除的文字位置,然后按消除键 6。

④结束文字输入。按确定键 7 之后结束文字输入,在数据输入画面(蓝色)的上部显示输入的文字。

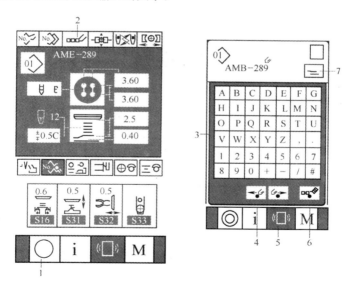

图 5-25　设图案名称

1. 准备键　2、3. 文字按键　4、5. 按键　6. 消除键　7. 确定键

二、设定缝纫数据

(1)设定捞缝(柄扣、云石扣)数据　捞缝(柄扣、云石扣)数据的设定见表 5-12。设定可在捞缝(柄扣、云石扣)的数据输入画面上完成。如果要进行更加详细的设定时,应按缝纫数据显示按键 H,从缝纫数据画面进行设定。

表 5-12　捞缝(柄扣、云石扣)数据的设定

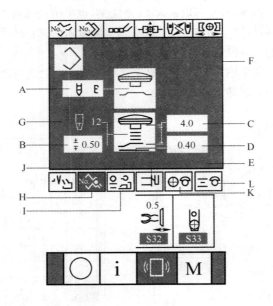

记号	项目	输入范围	编辑单位	初始值
A	S12 钉扣针数/针	2～32	2	6
B	S113 绕线间距/mm	0.05～2	0.05	0.5
C	S27 钉扣高度/mm	0～15	0.1	4
D	S17 捞缝量/mm	−1～5	0.05	0.4

续表 5-12

记号	项目	输入范围	编辑单位	初始值
E	S01 选择缝纫方式	参阅"选择缝纫方式的操作"		
F	S02 选择缝纫形状	参阅"选择缝纫形状的操作"		
G	显示绕线针数	显示实际缝纫的绕线数量		
I	设定缝纫机转速	参阅"设定缝纫机转速的操作"		
J	设定力线	参阅"设定力线"		
K	设定钉扣线张力	参阅"输入钉扣线张力"		
L	设定绕线张力	参阅"输入绕线张力"		

(2)设定捞缝(平扣)数据 捞缝(平扣)数据的设定见表 5-13。设定可在捞缝(平扣)的数据输入画面上完成。如果要进行更加详细的设定时,应按缝纫数据显示按键 N,从缝纫数据画面进行设定。

表 5-13 捞缝(平扣)数据的设定

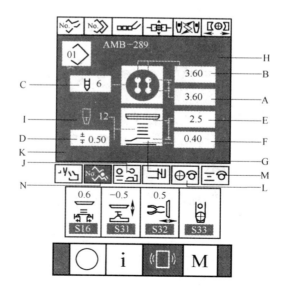

续表 5-13

记号	项目	输入范围	编辑单位	初始值
A	S08 纽扣孔间隔(纵)/mm	0.1～6	0.05	3.6
B	S09 纽扣孔间隔(横)/mm	0.1～6	0.05	3.6
C	S12 钉扣针数/针	2～32	2	6
D	S113 绕线间距/mm	0.05～2	0.05	0.5
E	S26 绕线高度/mm	0.5～15	0.1	2.5
F	S17 捞缝量/mm	−1～5	0.05	0.4
G	S01 选择缝纫方式	参阅"选择缝纫方式的操作"		
H	S02 选择缝纫形状	参阅"选择缝纫形状的操作"		
I	显示绕线针数	显示实际缝纫的绕线数量		
J	设定缝纫机转速	参阅"设定缝纫机转速"		
K	设定力线	参阅"设定力线"		
L	设定钉扣线张力	参阅"输入钉扣线张力"		
M	设定绕线张力	参阅"输入绕线张力"		

(3)设定合缝数据　合缝数据的设定见表 5-14。设定可在合缝数据输入画面上完成。如果要进行更加详细的设定时,应按缝纫数据显示按键 H,从缝纫数据画面进行设定。

表 5-14　合缝数据的设定

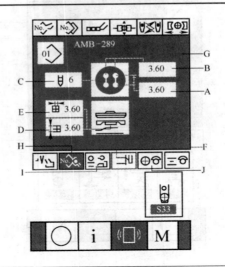

续表 5-14

记号	项目	输入范围	编辑单位	初始值
A	S08 纽扣孔间隔(纵)/mm	0.1～6	0.05	3.6
B	S09 纽扣孔间隔(横)/mm	0.1～6	0.05	3.6
C	S12 钉扣针数/针	2～32	2	6
D	S10 下送的落针间隔(纵)/mm	0.1～6	0.05	3.6
E	S11 下送的落针间隔(横)/mm	0.1～6	0.05	3.6
F	S01 选择缝纫方式	参阅"选择缝纫方式的操作"		
G	S02 选择缝纫形状	参阅"选择缝纫形状的操作"		
I	设定缝纫机转速	参阅"设定缝纫机转速的操作"		
J	设定钉扣线张力	参阅"输入钉扣线张力"		

(4)设定捞缝合缝数据 捞缝合缝数据的设定见表 5-15。设定可在捞缝合缝数据输入画面上完成。如果要进行更加详细的设定时,应按缝纫数据显示按键 G,从缝纫数据画面进行设定。

表 5-15 捞缝合缝数据的设定

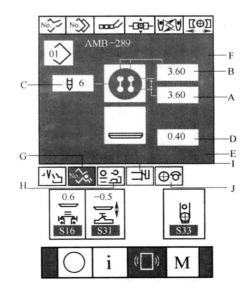

续表 5-15

记号	项　目	输入范围	编辑单位	初始值
A	S08 纽扣孔间隔(纵)/mm	0.1～6	0.05	3.6
B	S09 纽扣孔间隔(横)/mm	0.1～6	0.05	3.6
C	S12 钉扣针数/针	2～32	2	6
D	S17 捞缝量/mm	—1～5	0.05	0.4
E	S01 选择缝纫方式	参阅"选择缝纫方式的操作"		
F	S02 选择缝纫形状	参阅"选择缝纫形状的操作"		
H	设定缝纫机转速	参阅"设定缝纫机转速的操作"		
I	设定力线	参阅"设定力线"		
J	设定钉扣线张力	参阅"输入钉扣线张力"		

三、设定计数器和绕线数据

(1)设定计数器(力扣)数据　计数器(力扣)数据的设定见表 5-16。
设定可在计数器(力扣)数据输入画面上完成。如果要进行更加详细的
设定时,应按缝纫数据显示按键 I,从缝纫数据画面进行设定。

表 5-16　计数器(力扣)数据的设定

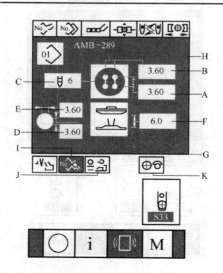

续表 5-16

记号	项 目	输入范围	编辑单位	初始值
A	S08 纽扣孔间隔(纵)/mm	0.1~6	0.05	3.6
B	S09 纽扣孔间隔(横)/mm	0.1~6	0.05	3.6
C	S12 钉扣针数/针	2~32	2	6
D	S10 下送的落针间隔(纵)/mm	0.1~6	0.05	3.6
E	S11 下送的落针间隔(横)/mm	0.1~6	0.05	3.6
F	S28 纽扣高度(计数器纽扣)/mm	0~20	0.1	6
G	S01 选择缝纫方式	参阅"选择缝纫方式的操作"		
H	S02 选择缝纫形状	参阅"选择缝纫形状的操作"		
J	设定缝纫机转速	参阅"设定缝纫机转速的操作"		
K	设定钉扣线张力	参阅"输入钉扣线张力"		

(2)**设定绕线数据** 绕线数据的设定见表 5-17。设定可在绕线数据输入画面上完成。如果要进行更加详细的设定时,应按缝纫数据显示按键 E,从缝纫数据画面进行设定。

表 5-17 绕线数据的设定

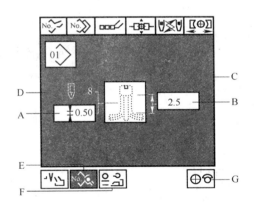

续表 5-17

记号	项目	输入范围	编辑单位	初始值
A	S113 绕线间距/mm	0.05～2	0.05	0.5
B	S26 绕线高度/mm	0.5～15	0.1	2.5
C	S01 选择缝纫方式	参阅"选择缝纫方式的操作"		
D	显示绕线针数	显示实际缝纫的绕线数量		
F	设定缝纫机转速	参阅"设定缝纫机转速的操作"		
G	设定绕线张力	参阅"输入绕线张力的操作"		

四、选择缝纫方式和形状

(1)选择缝纫方式的操作　选择缝纫方式的操作如图 5-26 所示。

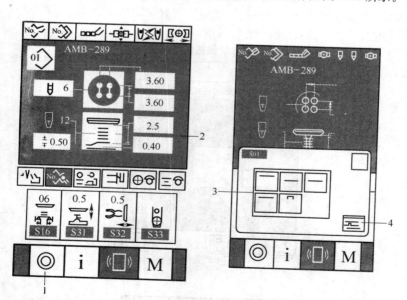

图 5-26　选择缝纫方式的操作
1. 准备键　2、3. 缝纫方式按键　4. 确定键

　　①显示数据输入画面。仅数据输入画面(蓝色)时可以选择缝纫方式;缝纫画面(绿色)时,按准备键 1,显示数据输入画面(蓝色)。

　　②调出缝纫方式选择画面。按缝纫方式按键 2 后,显示缝纫形状选择画面。

　　③选择缝纫方式。选择缝纫方式按键 3。按确定键 4 后,结束缝纫方式的选择,显示被选择的数据输入画面(蓝色)。

　　(2)选择缝纫形状的操作　　选择缝纫形状的操作如图 5-27 所示。

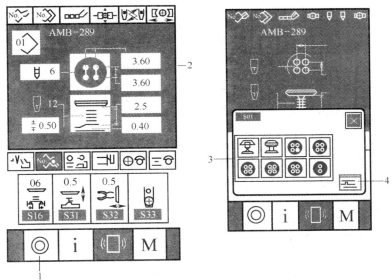

图 5-27　选择缝纫形状的操作
1. 准备键　2、3. 缝纫形状按键　4. 确定键

　　①显示数据输入画面。仅数据输入画面(蓝色)时可以选择缝纫方式;缝纫画面(绿色)时,按准备键 1,显示数据输入画面(蓝色)。

　　②调出缝纫形状选择画面。按缝纫形状按键 2 后,缝纫形状选择画面被显示出来。

　　③选择缝纫形状。选择缝纫形状按键 3。

　　④结束缝纫形状的选择。按确定键 4 后,结束缝纫形状的选择,显

示被选择的数据输入画面(蓝色)。

五、设定缝纫机转速

①显示数据输入画面。在数据输入画面和缝纫画面上可以设定缝纫机转速。确定的数据见表 5-18。

②显示转速设定画面。按转速设定键 1 后,显示转速设定画面。可以进行钉扣转速、绕线圈数的设定,用箭头(上、下)键 2、3 输入后,按确定键 4,确定数据。

表 5-18　确定的数据

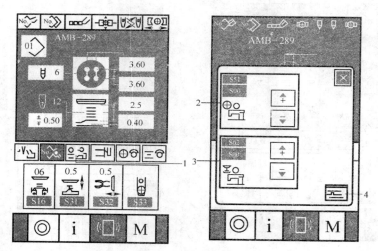

1. 转速设定键　2、3. 箭头(上、下)键　4. 确定键

记号	项目	输入范围	编辑单位	初始值
2	S51 钉扣转速/(r/min)	200~1200	100	600
3	S52 绕线圈数/(r/min)	200~1800	100	800

六、设定力线

选择捞缝、捞缝合缝后,在数据输入画面和缝纫画面上显示力线设

定键。按力线设定键1后,显示力线设定画面。可以进行力线针数2、力线的量3的设定,输入后,应按确定键4确定数据,确定的数据见表5-19。

表 5-19 确定的数据

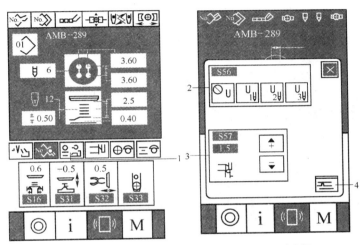

1. 力线设定键 2. 力线针数 3. 力线的量 4. 确定键

记号	项目	输入范围	编辑单位	初始值
2	S56 力线的针数	:无力线 :1针 :2针 :3针	—	:1针
3	S57 力线的量	0～5针	0.1mm	1.5针

七、输入钉扣线张力

在数据输入画面、缝制画面选择"捞缝""合缝""捞缝合缝""计数器力扣缝"时,钉扣线张力设定键被显示出来。

(1)简易输入　显示钉扣线张力简易设定画面如图 5-28 所示。

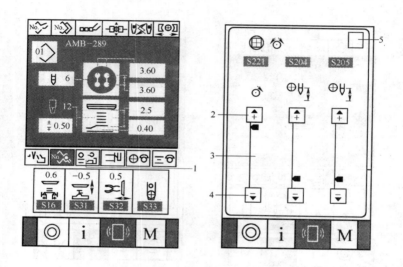

图 5-28　显示钉扣线张力简易设定画面
1. 钉扣线张力简易设定键　2、4. 箭头上、下键　3. 滚动条　5. 取消键

①按钉扣线张力简易设定键 1 后,钉扣线张力简易设定画面被显示。可以设定缝制前的线残留长度和钉扣通常针的线张力。

初始设定值是使用聚酯缝纫机 50# 缝线时的设定值。

②用箭头上、下键 2、4 和滚动条 3 可以编辑数据,数据在编辑后被确定,按取消键 5 后关闭画面,显示数据输入画面。

(2)输入详细内容　在张力管理画面,按详细输入钉扣线张力设定键后,应显示数据输入画面、缝纫画面。显示钉扣线张力详细设定画面如图 5-29 所示。

①按钉扣线张力详细设定键 1 后,钉扣线张力详细设定画面被显示,可以设定缝制前的线残留长度和钉扣通常针的线张力。

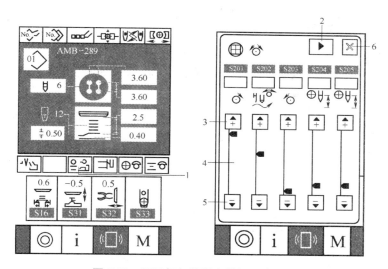

图 5-29　显示钉扣线张力详细设定画面

1. 钉扣线张力详细设定键　2. 翻页键　3、5. 箭头上、下键
4. 滚动条　6. 取消键

初始设定值是使用聚酯缝纫机 50# 缝线时的设定值。

②通过翻页键 2，可以按照最终针、第 1 针、第 2 针的运针的线张力设定画面，按顺序翻页设定线张力。用箭头上、下键 3、5 和滚动条 4 可以编辑数据，数据在编辑后被确定，按取消键 6 关闭画面，显示数据输入画面。

(3)可变更的缝纫数据　可变更的缝纫数据如图 5-30 所示。

①钉扣通常针如图 5-30a 所示，数据见表 5-20。

②钉扣最终针（仅详细设定时可以设定）如图 5-30b 所示，数据见表 5-21。

③钉扣第 1 针（仅详细设定时可以设定）如图 5-30c 所示，数据见表 5-22。

④钉扣第 2 针（仅详细设定时可以设定）如图 5-30d 所示，数据见表 5-23。

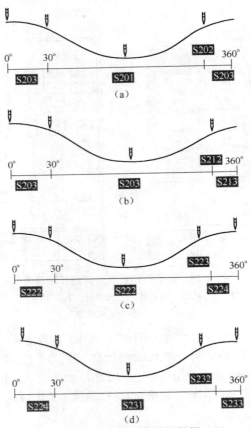

图 5-30　可变更的缝纫数据

(a)钉扣通常针　(b)钉扣最终针　(c)钉扣第 1 针　(d)钉扣第 2 针

表 5-20　通常针数据

No	项目	输入范围	编辑单位	初始值
S201	钉扣机针下侧的线张力/N	0～200	1	110
S202	钉扣线张力变换角度	180°～355°	1°	280°
S203	钉扣机针上侧的线张力/N	0～200	1	1
S204	钉扣左侧缝制前的线残留长度/mm	1～100	1	45
S205	钉扣右侧缝制前的线残留长度/mm	1～100	1	45

表 5-21 最终针数据

No	项目	输入范围	编辑单位	初始值
S211	钉扣机针下侧的线张力/N	0～200	1	200
S212	钉扣线张力变换角度	180°～360°	1°	280°
S213	钉扣机针上侧的线张力/N	0～200	1	70

表 5-22 第 1 针数据

No	项目	输入范围	编辑单位	初始值
S221	钉扣第 1 针最初的线张力/N	0～200	1	200
S222	钉扣机针下侧的线张力/N	0～200	1	200
S223	钉扣线张力变换角度	180°～355°	1°	280°
S224	钉扣机针上侧的线张力/N	0～200	1	200

表 5-23 第 2 针数据

No	项目	输入范围	编辑单位	初始值
S231	钉扣机针下侧的线张力/N	0～200	1	200
S232	钉扣线张力变换角度	180°～360°	1°	280°
S233	钉扣机针上侧的线张力/N	0～200	1	200

八、输入绕线线张力

在数据输入画面、缝制画面选择"捞缝""绕线缝"时,绕线线张力设定键被显示出来。

1. 简易输入

显示绕线张力简易设定画面如图 5-31 所示。

①按钉扣线张力简易设定键 1 后,钉扣线张力简易设定画面被显示。可以设定缝制前的线残留长度和绕线通常针的线张力。

初始设定值使用聚酯缝纫机 50# 缝线时的设定值。

②用箭头上、下键 2、4 和滚动条 3 可以编辑数据,数据在编辑后被确定,按取消键 5 后关闭画面,显示数据输入画面。

2. 输入详细内容

在管理画面中详细地输入绕线线张力设定按钮的状态,显示绕线缝制线张力详细设定画面如图 5-32 所示。

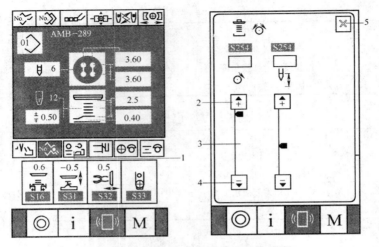

图 5-31　显示绕线张力简易设定画面

1. 绕线张力简易设定键　2、4. 箭头上、下键　3. 滚动条　5. 取消键

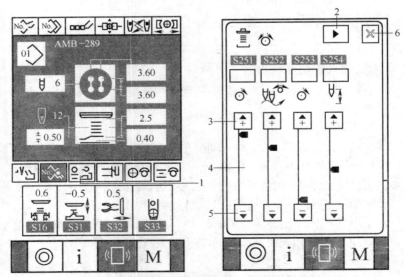

图 5-32　显示绕线缝制线张力详细设定画面

1. 钉扣线张力详细设定键　2. 翻页键　3、5. 箭头上、下键　4. 滚动条　6. 取消键

(1)显示绕线缝制线张力详细设定画面

①按钉扣线张力详细设定键 1 后,钉扣线张力详细设定画面被显示,可以设定缝制前的线残留长度和钉扣通常针的线张力。

初始设定值是使用聚酯缝纫机 50# 缝线时的设定值。

②通过翻页键 2,可以按照最终针、第 1 针、第 2 针的运针的线张力设定画面,按顺序翻页设定线张力。用箭头上、下键 3、5 和滚动条 4 可以编辑数据,数据在编辑后被确定,按取消键 6 关闭画面,显示数据输入画面。

(2)可变更的缝纫数据

①绕线缝纫通常针如图 5-33a 所示,数据见表 5-24。

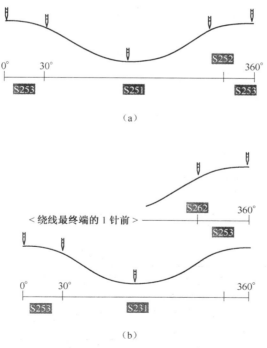

图 5-33　可变更的缝纫数据

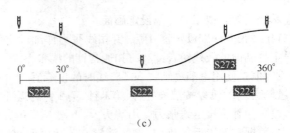

(c)

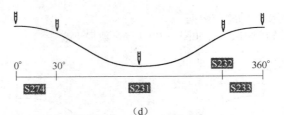

(d)

续图 5-33　可变更的缝纫数据

(a)绕线缝纫通常针　(b)绕线缝纫最终针　(c)绕线缝纫第 1 针　(d)绕线缝纫第 2 针

表 5-24　通常针数据

No	项　　目	输入范围	编辑单位	初始值
S251	绕线机针下侧的线张力/N	0～200	1	130
S252	绕线线张力变换角度	180°～355°	1°	290°
S253	绕线机针上侧的线张力/N	0～200	1	1
S254	绕线缝制前的线残留长度/mm	1～100	1	55

②绕线缝纫最终针(仅详细设定时可以设定)如图 5-33b 所示,数据见表 5-25。

表 5-25　最终针数据

No	项　　目	输入范围	编辑单位	初始值
S261	绕线机针下侧的线张力/N	0～200	1	200
S262	绕线线张力变换角度	180°～355°	1°	345°
S263	绕线机针上侧的线张力/N	0～200	1	200

③绕线缝纫第 1 针(仅详细设定时可以设定)如图 5-33c 所示,数

据见表 5-26。

表 5-26　第 1 针数据

N₀	项　　　目	输入范围	编辑单位	初始值
S271	绕线第 1 针最初的线张力/N	0～200	1	200
S272	绕线机针下侧的线张力(第 1 针)/N	0～200	1	200
S273	绕线线张力变换角度(第 1 针)	180°～355°	1°	290°
S274	绕线机针上侧的线张力(第 1 针)/N	1～200	1	200

④绕线缝纫第 2 针(仅详细设定时可以设定)如图 5-33d 所示,数据见表 5-27。

表 5-27　第 2 针数据

N₀	项　　　目	输入范围	编辑单位	初始值
S281	绕线机针下侧的线张力/N	0～200	1	200
S282	绕线线张力变换角度	180°～355°	1°	290°
S283	绕线机针上侧的线张力/N	0～200	1	200

3. 输入绕线数据的详细内容

在管理画面上,把绕线间隔输入键变更为绕线详细输入键后,可以设定绕线数据的详细内容如图 5-34 所示。

(1)显示数据输入画面　仅数据输入画面(蓝色)时,可以输入绕线数据的详细内容;在缝纫画面(绿色)时,按准备键 1,显示数据输入画面(蓝色)。

(2)显示绕线数据详细输入画面　如图 5-34 所示。

①按绕线数据详细输入键 2,显示绕线数据详细输入画面。

②在最初的页面上可以设定的数据是最后一圈的缝纫设定数据,通过翻页键 3,可以按顺序翻前一圈的数据页。另外,在键 4 中,设定中的页用橘黄色显示。实际缝纫的绕线缝纫圈数 5 每次变后,显示出变更画面框。

③用选择键或箭头上、下键 14 进行数据编辑,按确定键 15 确定数据,见表 5-28。

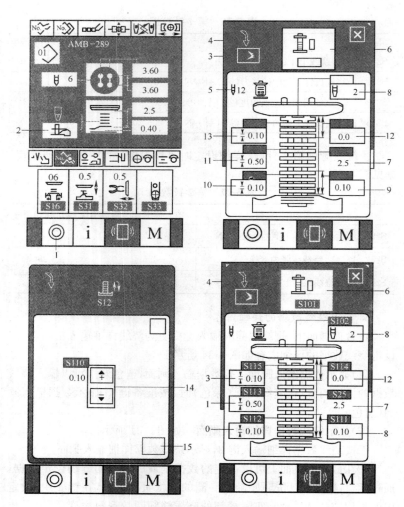

图 5-34　设定绕线数据的详细内容

1. 准备键　2. 绕线数据详细输入键　3. 翻页键　4. 键
5. 实际缝纫的绕线缝纫圈数　6~13. 数据变更键
14. 箭头上、下键　15. 确定键

表 5-28　确定的数据

记号	项　目	输入范围	编辑单位	初始值
6	S101 绕线次数	无绕线 / 1次 / 2次 / 3次 / 4次	—	2次
7	S26 绕线高度	编辑在数据输入画面或缝纫数据画面进行		
8	S102 在绕线最上部的运针数	1～9	1次	2

④第 1 针数据见表 5-29。

表 5-29　第 1 针数据　　　　　(mm)

记号	项　目	输入范围	编辑单位	初始值
9	S111 绕线高度(最上,下部)	0～2	0.1	0.1
10	S112 绕线间隔(最上,下部)	0.05～2	0.05	0.1
11	S113 绕线间隔(最上,中央部)	0.05～2	0.05	0.5
12	S114 绕线高度(最上,上部)	0～2	0.1	0
13	S115 绕线间隔(最上,上部)	0.05～2	0.05	0.1

⑤第 2 针数据见表 5-30。

表 5-30　第 2 针数据　　　　　(mm)

记号	项　目	输入范围	编辑单位	初始值
9	S121 绕线高度(第 2,下部)	0～2	0.1	0.1
10	S122 绕线间隔(第 2,下部)	0.05～2	0.05	0.1
11	S123 绕线间隔(第 2,中央部)	0.05～2	0.05	1
12	S124 绕线高度(第 2,上部)	0～2	0.1	0
13	S125 绕线间隔(第 2,上部)	0.05～2	0.05	0.1

⑥第 3 针数据见表 5-31。

表 5-31　第 3 针数据　　　　　　　　　　　　　（mm）

记号	项　　目	输入范围	编辑单位	初始值
9	S131 绕线高度(第 3,下部)	0～2	0.1	0.1
10	S132 绕线间隔(第 3,下部)	0.05～2	0.05	0.1
11	S133 绕线间隔(第 3,中央部)	0.05～2	0.05	1
12	S134 绕线高度(第 3,上部)	0～2	0.1	0
13	S135 绕线间隔(第 3,上部)	0.05～2	0.05	0.1

⑦第 4 针数据见表 5-32。

表 5-32　第 4 针数据　　　　　　　　　　　　　（mm）

记号	项　　目	输入范围	编辑单位	初始值
9	S141 绕线高度(第 4,下部)	0～2	0.1	0.1
10	S142 绕线间隔(第 4,下部)	0.05～2	0.05	0.1
11	S143 绕线间隔(第 4,中央部)	0.05～2	0.05	1
12	S144 绕线高度(第 4,上部)	0～2	0.1	0
13	S145 绕线间隔(第 4,上部)	0.05～2	0.05	0.1

第四节　变更数据

一、缝纫数据变更的方法

(1)出厂时的初始缝纫数据　出厂时,已经登记了 1～8 种图案,其缝纫数据里仅切布长度输入了不同的方形初始值,初始缝纫数据见表 5-33。

表 5-33　初始缝纫数据

图案 No	S01 缝纫方式	S02 缝纫形状	从初始值变更的数据	变更数值 /mm
1	捞缝		无	
2	捞缝		S32 松线修正	0～0.5
			S519 绕线顶点位置	0.5～2.7

续表 5-33

图案 No	S01 缝纫方式	S02 缝纫形状	从初始值变更的数据	变更数值 /mm
3	捞缝		S27 纽扣高度（柄扣、云石扣）	2.5～4
			S32 松线修正	0～2.5
			S509 柄扣、云石扣扣眼位置	0.3～2.5
4	计数器、力扣缝纫		无	
5	计数器、力扣缝纫		S10 下送的落针间隔（纵）	3.2～3.6
			S504 下纽扣第 1 针孔位置（纵）	1.6～1.8
				0～1.8
			S505 下纽扣第 1 针孔位置（横）	
6	绕线缝纫	—	S510 绕线缝纫开始第 1 针固定缝制位置（纵）	0～0.5
			S512 绕线缝纫开始第 2 针固定缝制位置（纵）	1～1.5
7	捞缝合缝		无	
8	合缝		无	

(2)变更数据的准备　变更数据的准备如图 5-35 所示。

①显示数据输入画面。仅在数据画面（蓝色）时，可以变更缝纫数据。如果是在缝纫画面（绿色）时，应按准备键 1，显示数据输入画面（蓝色）。

②呼出缝纫数据画面。按缝纫数据键 2，显示缝纫数据画面。

③选择变更的缝纫数据。按上、下滚动键 3，选择想变更的缝纫数据键 4。

有的形状不能使用的数据项目将不显示。

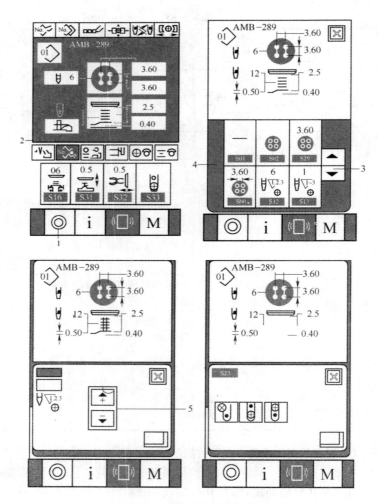

图 5-35　变更数据的准备

1. 准备键　2、4. 缝纫数据键　3. 上、下滚动键

5. "+/－"键

（3）数据变更操作　缝纫数据有变更数字的数据项目和选择图标的数据项目。变更数字的数据项目上标有"S12"这样粉红色的 No.，在

变更画面上用显示的"＋／－"键 5 可以变更设定值。选择图标项目上标有"S33"这样蓝色的 No.,在变更画面上可以选择被显示的图标。

(4)**缝纫数据** 缝纫数据里图案 1～99 的 99 个图案是可以输入的数据,每个图案可以分别进行输入,但选择的缝纫方式、缝纫形状不同,输入的缝纫数据有可能不同,缝纫数据见表 5-34。

表 5-34 缝纫数据

No.	项 目	设定范围	编辑单位	初始显示
S01	缝纫方式 设定缝纫方式: ：捞缝 ：合缝 ：捞缝合缝 ：绕线缝纫 ：计数器、力扣缝纫			捞缝
S02	缝纫形状(捞缝)。 设定捞缝的缝纫形状:			四眼二字形(纵)
S03	缝纫形状(合缝)。 设定合缝的缝纫形状:			四眼二字形(纵)
S04	缝纫形状(捞缝合缝)。 设定捞缝合缝的缝纫形状:			四眼二字形(纵)

续表5-34

No	项　　目	设定范围	编辑单位	初始显示
S05	缝纫形状(计数器、力扣缝纫) 设定计数器、力扣缝的缝纫形状： 下列纽扣的形状通过 来选择			表面:四眼二字形(纵) 背面:四眼二字形(纵)
S08	上纽扣眼间隔(纵) 设定上送的落针间隔	0.1～6	0.05mm	3.6
S09	上纽扣眼间隔(横) 设定上送的落针间隔	0.1～6	0.05mm	3.6
S10	下送的落针间隔(纵) 设定下送的落针间隔	0.1～6	0.05mm	3.2
S11	下送的落针间隔(横) 设定下送的落针间隔	0.1～6	0.05mm	3.2
S12	钉扣针数 设定钉扣针数	2～32	2针	6
S13	钉扣缝纫开始针数(1～3针) 设定钉扣缝制的缝纫开始针数	1～3	1针	1

续表 5-34

No	项 目	设定范围	编辑单位	初始显示
S14	上纽扣左下孔的位置修正；在缝料被拉的右侧和左侧设定为捞线量不同	−1～1	0.05mm	0
S15	缝纫开始第 3 针修正；为了防止钉扣缝制开始的脱线，修正第 3 针的位置	0～0.5	0.05mm	0
S16	捞缝宽度；在机针和舌不相碰的范围内进行设定	0～K05①	0.02mm	0.6
S17	捞缝量；设定对缝料的捞缝量	−1～5	0.05mm	0.4
S18	柄扣、云石扣缝纫扣眼的高度（离下板的高度）；为了防止机针和扣眼相碰而进行的设定	0～10	0.1mm	3
S21	力扣间拉力等级；缝制力扣时,减少下侧纽扣穿线条数			

续表 5-34

No	项　　目	设定范围	编辑单位	初始显示
S21	⊕:无拉力　⊕:1 级拉力 ⊕:2 级拉力　⊕:3 级拉力			⊕无拉力
S22	计数器按钮(表面四眼、背面两眼)缝纫的下纽扣落针横修正； 在下纽扣眼的范围内修正为机针不与扣眼相碰	0～0.3	0.05mm	0.3
S24	合缝结束固定缝的针数； 设定合缝的缝纫结束固定缝的针数	2～3	1 针	2
S25	计数器缝纫结束固定缝的针数； 设定计数器缝纫结束固定缝的针数	1～3	1 针	2
S26	纽扣高度(仅暗缝、纽扣绕线)； 设定绕线工序,保持纽扣高度(缝纫完成高度)	0.5～15	0.1mm	2.5
S27	纽扣高度(柄扣、云石扣)； 设定绕线工序,保持纽扣高度(缝纫完成高度)	0～15	0.1mm	3.4

续表 5-34

No	项　目	设定范围	编辑单位	初始显示
S28	纽扣高度(仅暗缝、纽扣绕线); 设定绕线工序,保持纽扣高度 (缝纫完成高度)	0~20	0.1mm	4.5
S29	绕线缝纫开始计数; 设定绕线工序的缝纫开始计数	1~3	1针	2
S30	绕线缝纫结束固定缝纫计数; 设定绕线工序的缝纫结束固定 缝纫计数	2~3	1针	2
S31	捞缝时保持纽扣高度修正; 修正钉扣工序,保持纽扣高度, 设定纽扣和绕线部的松紧	−5~5	0.1mm	−0.5
S32	松线修正; 这是钉扣工序保持纽扣高度的 修正值,在绕线工序的修正值逐渐 返回原来状态进行缝纫,在绕线绕 到纽扣根部时进行设定	−5~5	0.1mm	0.5
S33	选择纽扣供料器,柄扣、云石 扣时: ：供料器"OFF" ：供料器"ON" 通常纽扣时: ：供料器"OFF" ：供料器"ON"			使用供料器(前面)

续表 5-34

No	项　　目	设定范围	编辑单位	初始显示
S34	绕线缝纫次数； 设定在绕线工序的绕线次数	0～5	1 次	0
S35	空气吹线针数； 设定在绕线工序空气吹线针数	0～20	1 针	6
S36	绕线工序的纽扣高度修正； 修正绕线工序，保持纽扣高度，调整绕线状态	−5～5	0.1mm	0
S37	调整纽扣位置的动作（有/无）： ：有　：无 确认缝纫机驱动前操作工操作时是否进行纽扣位置调整的修正动作。缝纫形状散乱的纽扣时使用本功能非常方便②			无
'S38	纽扣位置调整时的机针高度； 纽扣位置调整时，把机针自动设定到下降的角度，根据纽扣的种类，绕线高度等设定为位置容易调整的角度	0°～130°	1°	80°

续表 5-34

No	项　　目	设定范围	编辑单位	初始显示
S39	 纽扣工作(线电动机开始位置);为了稳定缝纫开始的留线量,设定缝纫开始的松线量	0~100	1 脉冲	30
S40	 开始纽扣工序(线电动机动作);设定保持几针 S39 设定的送线量。	1~2	1 针	1
S41	 钉扣工序的缝料侧和缝料里侧的张力同步修正,缝料侧和缝料里侧落针处变换张力同步偏斜结线位置	-90°~90°	1°	0°

注:①数据编辑范围的最大值通过 K05 设定。

　　②这里设定的修正值仅适用 1 个纽扣的缝纫,缝纫结束后修正值返回 0。

二、缝纫图案登记

(1)缝纫图案新登记　缝纫图案新登记如图 5-36 所示。

①显示数据输入画面。仅在数据输入画面(蓝色)时,可以进行图案的登记,如果是在缝纫画面(绿色)时,应按准备键 1,显示数据输入画面(蓝色)。

②呼出图案新登记画面。按新登记按键 2 后,显示新登记画面。

③输入图案 No.。用"+"数字键 3 输入想登记的图案 No.,如果输入了已经登记的图案 No.,画面上部显示出被登记的缝纫形状,可选择什么也不显示的未登记图案 No.。已经登记的缝纫图案 No. 上不能(禁止)重复登记。用"+/-"按键 4,5,可以检索未登记图案 No.。

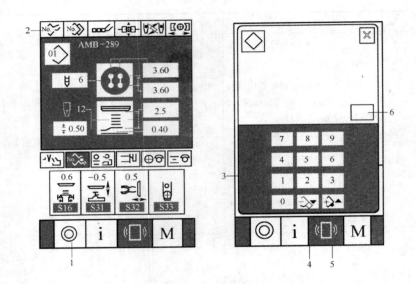

图 5-36　缝纫图案新登记

1. 准备键　2. 新登记按键　3. "+"数字键　4、5. "+/-"键　6. 确定键

④确定图案 No. 。按确定键 6 后,新登记的图案 No. 数据输入画面被显示。

(2)复制缝纫图案　复制缝纫图案如图 5-37 所示。可以把已经登记的图案 No. 的缝纫数据复制到未登记的图案 No. 上,因为图案禁止重写复制,想重写时,应先把图案消去后再进行复制。

①显示数据输入画面。仅在数据输入画面(蓝色)时,可以进行复制,如果是在缝纫画面(绿色)时,应按准备键 1,显示数据输入画面(蓝色)。

②呼出图案复制画面。按复制键 2 后,图案复制(选择复制原本)画面被显示出来。

③选择复制原本的图案 No. 。从图案一览键 3 中选择复制原本的图案 No. ,然后按复制副本输入键 4 后,复制副本输入画面被显示出来。

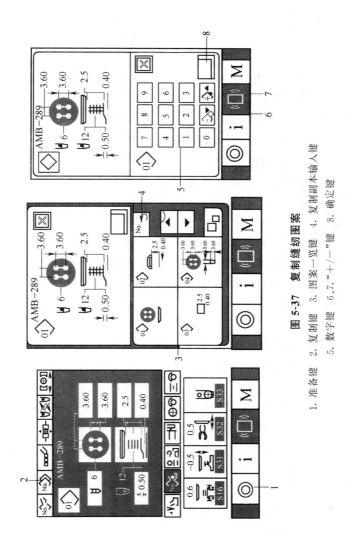

图 5-37 复制缝纫图案

1. 准备键 2. 复制键 3. 图案一览键 4. 复制副本输入键
5. 数字键 6,7. "+/－"键 8. 确定键

④输入复制副本图案 No.。用数字键 5 输入复制副本的图案
No.，用"＋/－"键 6、7，可以检索未使用的图案 No.。

⑤开始复制。按确定键 8 后开始复制，约 2s 后被复制的图案 No.
变成可以选择的状态，返回到图案复制（选择复制原本）画面。

循环数据也可以用同样的方法复制。如果被登记的图案 No. 只
剩一个，要进行消除，将显示出不能消除的异常显示（E402）。要复制
已经登记的图案时，将显示出不能复制的异常显示（E401）。

三、纽扣夹与纽扣中心的调整

(1)纽扣夹的调整

①显示数据输入画面或缝纫画面。纽扣夹的调整如图 5-38 所示，
仅数据输入画面 A、缝纫画面 B 可以对纽扣夹进行调整。

②显示纽扣夹调整画面。按纽扣夹调整键 1 后，纽扣夹调整画面
被显示出来。检索原点，把纽扣供料器移动到纽扣夹的位置。

可以用纽扣夹高度调整键 2 和纽扣夹前后左右位置调节键 3 来调
整高度和位置。再次用检索原点键 4、纽扣夹上下键 5、纽扣夹开闭键 6
调整到容易的状态，然后进行确认。调整完毕，按确定键 7 确定调
整值。

(2)纽扣中心的调整　　纽扣中心的调整如图 5-39 所示。纽扣在初
始状态不能显示，在缝纫画面的管理画面，把纽扣中心调整按钮设定为
显示状态。

①显示缝纫画面。仅缝纫画面时可以调整纽扣的中心，数据输
入画面（蓝色）、缝纫数据画面等时，按准备键 1 显示缝纫画面（绿色）。

②纽扣中心的调整。按纽扣中心调整键 2 后，显示纽扣中心调整
画面用上下、左右箭头键 3 把针位置调整到纽扣中心（使用标尺按钮的
话，就可以正确地调整），然后，用箭头上下键 4、5 输入扣眼的纵、横数
据，输入后按确定键 6 确定数据。

四、数据的确认

数据的确认如图 5-40 所示。

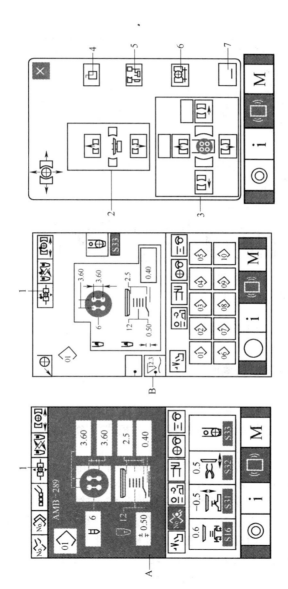

图 5-38　纽扣夹的调整

1. 纽扣夹调整键　2. 纽扣夹高度调整键　3. 纽扣夹位置调整键
4. 检索原点键　5. 纽扣夹上下键　6. 纽扣夹开闭键　7. 确定键

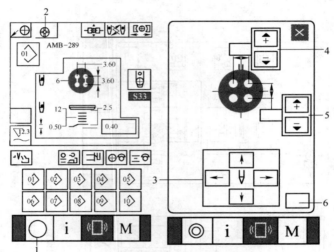

图5-39　纽扣中心的调整

1. 准备键　2. 纽扣中心调整键　3. 上下、左右箭头键

4、5. 上下箭头键　6. 确定键

(1)显示数据输入画面或缝纫画面　仅数据输入画面A、缝纫画面B可以进行步骤动作输入。

(2)显示步骤动作选择画面　按步骤动作选择键1后,步骤动作选择画面被显示出来。

将缝纫机一边动作、一边进行设定,可以把缝纫动作步骤模式和落针点按顺序选择设定模式。分别按键后,各模式的输入画面被显示出来。

没有设置舌、没有设置纽扣等缝制没有准备好的情况下,显示了步骤选择画面后,缝纫动作步骤模式键3则不显示。

落针点设计模式时,按机针前进、后退键7、4后,输入步骤移动,移动到设定的步骤,用箭头键5进行设定,可以设定的参数与缝纫方式、缝纫形状有关。另外,用机针上下键8、9让机针上下移动,调整纽扣和机针的位置,调整到容易确认的状态后,设定数据将非常方便。数据设定后,按确定键6确定数据。不想确定数据时,按取消键10。

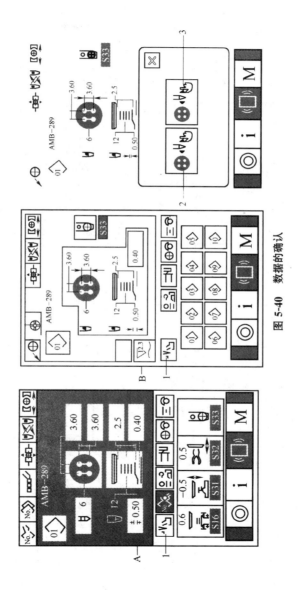

图 5-40　数据的确认

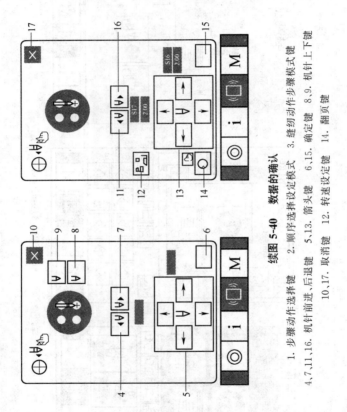

续图 5-40　数据的确认

1. 步骤动作选择键　2. 顺序选择设定模式　3. 缝纫动作步骤模式键
4,7,11,16. 机针前进,后退键　5,13. 箭头键　6,15. 确定键　8,9. 机针上下键
10,17. 取消键　12. 转速设定键　14. 翻页键

缝纫动作步骤模式时,按机针前进、后退键 11、16 后,一针一针地移动。另外,用开始开关可以边缝边运针,运行到想设定的落针位置,用箭头键 13 进行调整,可以设定的参数与缝纫方式、缝纫形状有关。按翻页键 14 后,变换为与当前的落针点有关的参数设定画面。另外,按转速设定键 12 后,转速数据设定画面被显示,可以设定钉扣转速和绕线转速。数据设定后,按确定键 15 确定数据。不想设定数据时,按取消键 17。

缝制计数器纽扣把 S21 力扣间的拉力登记设定为 1～3 后,输入项目被限制。

(3)数据的设定 设定数据见表 5-35。

表 5-35 设定数据

No	项 目	设定范围	编辑单位	初始显示
S501	上纽扣第 1 针孔位置(纵)	−2～4	0.05	1.8
S502	上纽扣第 1 针孔位置(横)	−2～4	0.05	1.8
S504	下纽扣第 1 针孔位置(纵)	−13～4	0.05	1.6
S505	下纽扣第 1 针孔位置(横)	−2～4	0.05	1.6
S506	保持纽扣位置全体修正(横)	−3～3	0.1	0
S508	柄扣、云石扣捞缝位置(左)修正	−2～2	0.1	0
S509	柄扣、云石扣眼位置	−5～5	0.1	0.5
S510	绕线缝纫开始第 1 针固定缝纫位置(纵)	−4～4	0.1	0
S511	绕线缝纫开始第 1 针固定缝纫位置(横)	−4～4	0.1	−0.3
S512	绕线缝纫开始第 2 针固定缝纫位置(纵)	−4～4	0.1	1
S513	绕线缝纫开始第 2 针固定缝纫位置(横)	−4～4	0.1	0.3
S516	绕线摆动宽度(右侧)	0～5	0.1	3
S517	绕线摆动宽度(左侧)	0～5	0.1	3

续表 5-35

No	项　目	设定范围	编辑单位	初始显示
S518	绕线开始位置	−1～3	0.1	1
S519	绕线顶点位置	−1～5	0.1	0.5
S520	钉扣缝纫结束固定缝位置修正1第1针(纵)	−1～1	0.1	0.3
S521	钉扣缝纫结束固定缝位置修正1第1针(横)	−1～1	0.1	0
S522	钉扣缝纫结束固定缝位置修正1第2针(纵)	−1～1	0.1	0
S523	钉扣缝纫结束固定缝位置修正1第2针(横)	−1～1	0.1	0
S524	钉扣缝纫结束固定缝位置修正1第3针(纵)	−1～1	0.1	0
S525	钉扣缝纫结束固定缝位置修正1第3针(横)	−1～1	0.1	0
S526	钉扣缝纫结束固定缝位置修正2第1针(纵)	−1～1	0.1	0.3
S527	钉扣缝纫结束固定缝位置修正2第1针(横)	−1～1	0.1	0
S528	钉扣缝纫结束固定缝位置修正2第2针(纵)	−1～1	0.1	0
S529	钉扣缝纫结束固定缝位置修正2第2针(横)	−1～1	0.1	0
S530	钉扣缝纫结束固定缝位置修正2第3针(纵)	−1～1	0.1	0
S531	钉扣缝纫结束固定缝位置修正2第3针(横)	−1～1	0.1	0
S532	绕线缝纫结束固定缝位置(纵)	−4～4	0.1	1.2
S533	绕线缝纫结束固定缝位置(横)	−4～4	0.1	3
S534	钉扣缝的切线前后位置	−4～8	0.1	−1
S535	绕线缝的切线前后位置	−4～8	0.1	−0.5
S536	柄扣、云石扣捞缝宽度(右)	−2～5	0.1	0.3
S537	柄扣、云石扣捞缝宽度(左)	−2～5	0.1	0.3

五、纽扣散乱的修正和缝纫模式的变更

（1）纽扣散乱的修正　设定为缝纫数据 S37 纽扣位置调整动作后且缝纫准备完毕后针杆自动下降到设定角度,显示出纽扣散乱修正画面,如图 5-41 所示,纽扣散乱的修正用 4 个方向箭头键 1 调整纽扣和机针的关系使缝纫开始。

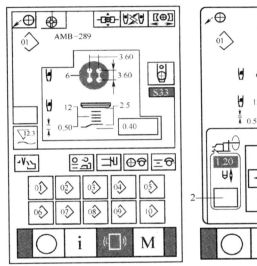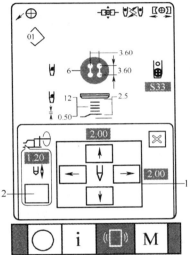

图 5-41　纽扣散乱的修正

1. 箭头键　2. 确定键

此调整仅有一次有效的调整值,缝纫结束后被清除。另外,按确定键 2 后,在 S38 纽扣位置调整时的针杆高度数据里,当前的针杆高度被输入,下次缝纫时也变成有效值。

（2）缝纫模式的变更　缝纫模式的变更如图 5-42 所示。选择图案登记状态时,按缝纫模式开关 1 后,画面上缝纫模式选择键 2 被显示,按该键后,变成单独缝纫和组合缝纫可以互换的缝纫模式。选择单独缝纫时按键📲;选择组合缝纫时按键📲。

（3）组合缝纫时的液晶显示　可以按复数的图案数组合顺序缝纫,最多可以输入 30 个图案,因此,缝纫复数不同形状的缝料时,可以使用

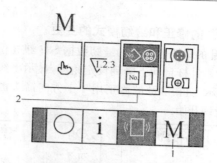

图 5-42　缝纫模式的变更

1. 缝纫模式开关　2. 缝纫模式选择键

该功能。另外最多可以登记 20 个组合缝纫数据,需要时,应重新编制、复制后方可使用。

①数据输入画面的图注见表 5-36。

表 5-36　数据输入画面的图注

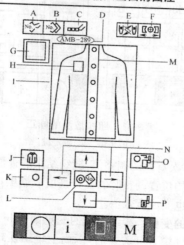

记号	显　　　示	内　　　容
A	循环缝纫数据新登记键	显示循环缝纫数据 No. 新登记画面
B	循环缝纫数据复制键	显示循环缝纫数据 No. 复制画面
C	循环缝纫数据名称输入键	显示循环缝纫数据名称输入画面
D	显示循环缝纫数据名称	显示选中的循环缝纫数据里输入的名称

续表 5-36

记号	显　　示	内　　容
E	机针更换键	让机针下降,显示机针更换画面
F	纽扣夹开闭键	开闭纽扣夹,在按键时打开纽扣夹
G	循环缝纫数据 No. 选择键	键上显示选中的循环缝纫数据 No.,按键后显示循环缝纫数据 No. 变更画面
H	显示游标	可以用箭头键在缝制物上移动,可以指定在缝料上的哪个位置输入图案数据
I	显示缝制物	显示缝制物的图像
J	缝制物选择键	显示缝制物图像的选择画面
K	缝纫数据变更键	在游标位置上,显示被输入的图案数据的缝纫数据变更画面
L	图案选择键	按键后,显示图案 No. 变更画面。另外,在游标位置上,可以输入图案 No.
M	显示缝纫顺序	显示被输入的图案数据的缝纫顺序,变更为缝纫画面后,最初用蓝色显示缝纫的图案
N	箭头键	可以移动游标的位置
O	图案个别消除键	可以消除在游标位置登记的图案数据的输入
P	图案全部消除键	可以全部消除选中的循环缝纫数据里输入的图案数据

②缝纫画面的图注见表 5-37。

表 5-37　缝纫画面的图注

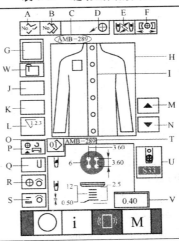

续表 5-37

记号	显　示	内　容
A	纽扣夹调整键	显示纽扣夹调整画面
B	纽扣中心调整键	在初始状态不显示
C	显示循环缝纫数据名称	显示缝纫中的循环缝纫数据里输入的名称
D	供料器动作键	按按钮后供料器动作,把纽扣放到纽扣夹中
E	机针更换键	下降机针,显示机针更换画面
F	纽扣夹开闭键	开闭纽扣夹,在按键时打开扣夹
G	循环缝纫数据 No.	显示缝纫中的循环缝纫数据 No.
H	显示缝制物	显示缝制物的图像
I	显示缝纫顺序	显示输入的图案数据的缝纫顺序,用蓝色显示缝纫中的图案数据
J	步骤缝键	按键后显示输入,确定落针点的步骤缝画面
K	计数器值变更键	在按钮上显示现在的计数值,按按钮后计数值变更画面被显示出来
L	计数器变换键	可以变换缝纫计数器/件数计数器的显示
M	倒缝顺序键	倒回前一个缝纫的缝纫顺序
N	顺缝顺序键	进入下一个缝纫的缝纫顺序
O	图案 No. 显示	显示缝纫中的图案 No.
P	转速设定键	显示转速设定画面,可以变更钉扣转速、绕线转速
Q	力线设定键	显示力线设定画面,仅在捞缝、捞缝合缝时显示,并可以设定力线
R	钉扣线张力设定键	显示钉扣线张力设定画面
S	绕线线张力设定键	显示绕线线张力设定画面,仅在捞缝、绕线缝时显示
T	显示图案名称	显示缝纫中的图案数据设定的图案名称
U	供料器动作	显示在缝纫中的图案 No. 上登记的图案内容的设定
V	图案内容显示	显示现在的图案 No. 中登记的图案内容,缝纫方式不同,其显示内容也有可能不同,在缝纫画面,仅可以设定捞缝量
W	直接选择键	按键后直接选择纽扣上登记的图案 No. 的一览画面被显示出来

六、循环缝纫的设定

在设定前把缝纫模式变更为循环缝纫。

1. 循环缝纫数据的选择

循环缝纫数据的选择如图 5-43 所示。

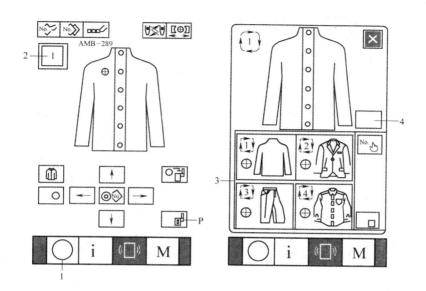

图 5-43 循环缝纫数据的选择
1. 准备键 2、3. 键 4. 确认键

（1）显示数据输入画面 仅在数据输入画面（粉红色）时，可以选择循环缝纫数据 No. 。如果是在缝纫画面（绿色）时，可按准备键 1，显示数据输入画面（粉红色）。

（2）呼出循环缝纫数据 No. 按循环缝纫数据 No. 和按键 2 后，显示出循环缝纫数据 No. 。在画面上显示现在选择的循环缝纫数据 No. 和其内容，在画面下不显示登记的其他循环缝纫数据 No. 键。

（3）选择循环数据 No. 按上下键后，登记的循环数据 No. 选择键 3 按顺序变换，此时循环数据的内容被显示，按想选择的循环数据 No. 选择键 3。

（4）确定循环缝纫数据 No. 按确认键 4 后，关闭循环缝纫数据 No. ，结束选择。

2. 循环缝纫数据的编辑

循环缝纫数据的编辑如图 5-44 所示。

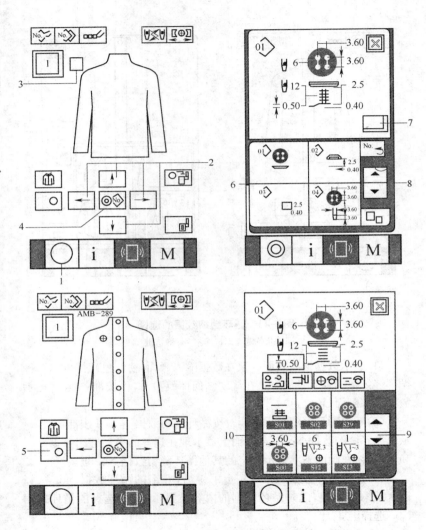

图 5-44　循环缝纫数据的编辑

1. 准备键　2. 箭头键　3. 光标　4、6. 选择键　5. 缝纫数据键

7. 确定键　8、9. 上下滚动键　10. 想变更的数据项目键

(1)**显示数据输入画面**　仅在数据输入画面(粉红色)时,可以输入循环缝纫数据。如果是在缝纫画面(绿色)时,可按准备键1,显示数据输入画面(粉红色)。

(2)**把光标移动到需要的位置**　用箭头键2,可以把光标3移动到需要的位置,按图案 No. 选择键4,呼出图案 No. 选择画面。

(3)**选择图案 No.**　按上下滚动键8后,登记的图案 No. 选择键6顺序变换,此时图案数据的内容被显示出来,在这里可按图案No. 键。

(4)**确定图案 No.**　按确定键7后,关闭图案 No. 选择画面,结束选择。

(5)**编辑循环缝纫数据里输入图案缝纫数据**　把图案数据输入到指定的位置后,把输入的顺序作为缝纫顺序显示到画面上。在显示缝纫数据的位置上,调整光标,按缝纫数据键5后,显示缝纫数据输入画面。

(6)**选择变更的缝纫数据**　按上下滚动键9,选择想变更的数据项目键10。有的形状可能不能显示没有使用的数据项目和没有设定功能的数据项目。

(7)**变更数据**　缝纫数据有变更数字的数据项目和选择图标的数据项目。在变更数字的数据项目里有"S08"这样的粉红色的 No. ,在变更画面上用"＋/－"键可以变更设定值;在选择图标的数据项目里有"S01"这样的蓝色的 No. ,在变更画面上可以选择图标。

3. 变更显示缝制物

变更显示缝制物。如图 5-45 所示。

(1)**显示输入画面**　仅在数据输入画面(粉红色)时,可以变更缝制物。如果是在缝纫画面(绿色)时,可按准备键1,显示数据输入画面(粉红色)。

(2)**呼出缝制物选择画面**　按缝制物选择键2后,缝制物选择画面被显示出来。

(3)**选择显示的缝制物图像**　选择想显示的缝制物键3。

(4)**确定显示的缝制物图像**　按确定键4后,确定选择,显示数据输入画面。

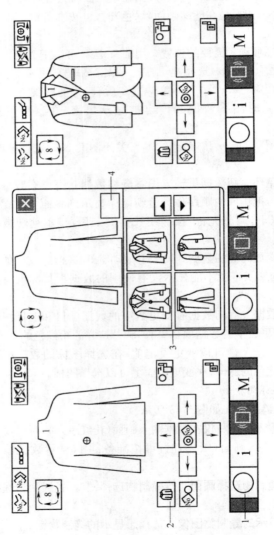

图 5-45 变更显示缝制物

1. 准备键 2. 缝制物选择键 3. 想显示的缝制物键 4. 确定键

(5)显示选择的缝制物的图像 在数据输入画面,选择的缝制物的图像被显示出来。图案数据的输入位置、数量与缝制物图像变更前一样。

4.使用计数器

使用计数器如图 5-46 所示。

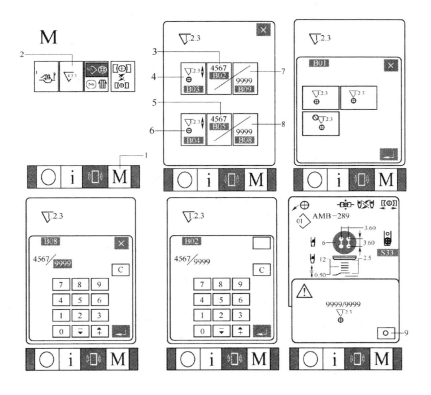

图 5-46 使用计数器

1. 模式键 2. 计数器设定键 3、5、7、8. 键 4. 缝纫计数器种类选择键

6. 件数计数器种类选择键 9. 清除键

(1)显示计数器画面 按模式键 1 后,画面上显示出计数器设定键 2。按此键后计数器设定画面被显示出来。

(2)选择计数器种类 本缝纫机有缝纫计数器和件数计数器两种,按缝纫计数器种类选择键 4、件数计数器种类选择键 6,计数器种类选择画面被显示出来,可以分别进行计数器种类的设定。

①缝制计数器有加数计数器、减数计数器和计数器未使用三种模式。

加数计数器每缝制一种形状的缝制物后,在现在值上加数,当现在值与设定值相等时,显示出计数器加数画面。

减数计数器每缝制一种形状的缝制物后,在现在值上减 1,当现在值等于 0 后,显示出计数器减数画面。

②缝制件数计数器也有加数计数器、减数计数器和计数器未使用三种模式。

加数计数器每缝制一个循环或一次连续缝纫,在现在值上进行加数,当现在值等于设定值后,显示出计数器加数画面。

减数计数器每缝制一个循环缝纫时,在现在值上减数,当现在值等于 0 后,显示出计数器减数画面。

(3)变更计数器设定值 使用缝纫件数计数器模式时,按键 7,再按键 8 后,显示出设定值输入画面,这时应输入设定值。

(4)变更计数器现在值 使用缝纫计数器模式时,按键 3,再按键 5 后,显示出现在值输入画面,这时应输入现在值。

(5)计数器加数的解除 缝纫作业中到达计数器条件后,显示出计数器加数画面,并鸣响蜂鸣器,按清除键 9 后,复位计数器返回缝纫画面,然后开始重新计数。

七、变更存储器开关数据

(1)存储器开关数据的变更 存储器开关数据的变更如图 5-47 所示。

①按模式键 1 后,画面上显示存储器开关键 2,按此键后,存储器开关数据画面被显示出来。

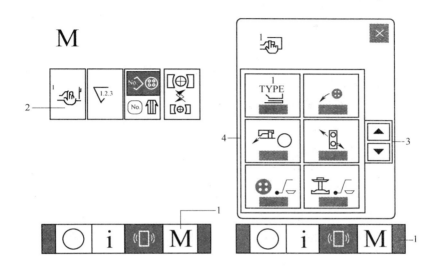

图 5-47 存储器开关数据的变更

1. 模式键 2. 存储器开关键 3. 上下滚动键

4. 变更的数据项目键

②选择想要变更的存储器开关键,按上下滚动键3,选择想要变更的数据项目键4。

③变更存储器开关数据。存储器开关数据有变更数字的数据项目和选择图标的数据项目两种。在变更数字的数据项目里,有粉红色的U01键No.,在变更画面上可以用"+/-"键变更设定值。在选择图标的数据项目里,有蓝色的U02键No.,在变更画面上可以选择显示的图标。

(2)存储器开关数据的设定

①等级1存储器开关数据是通用的动作数据,是所有缝纫图案里的通用数据,存储器开关数据的设定见表5-38。

表 5-38　存储器开关数据的设定

No.	项目	设定范围	编辑单位	初始显示	备注
U01	踏板动作模式 TYPE 设定踏板的动作模式： ①用舌传感器下降布压脚，前踩踏板，下降纽扣； ②前踩踏板下降纽扣和布压脚； ③用舌传感器下降舌和布压脚	1～3	1	1	
U02	纽扣供料器动作模式 设定供料器的动作模式 ：未使用； ：自动插入模式； ：踏板插入模式			自动插入模式	
U03	缝料取出时间(S)：设定合缝针数缝纫时，作业人员取出缝料的待机时间	0～20	0.1	2	
U04	设定纽扣供料器设置位置	0～90°	1°	20°	

软启动开始模式（钉扣）/(r/min)

No.	显示		第1针	第2针	第3针	第4针	第5针		初始显示
U05		迟	300	400	600	900	1100		稍早
		稍早	400	600	800	1000	1200		
		早	800	1000	1200	1200	1200		
			任意设定						

续表 5-38

No.	项 目	设定范围	编辑单位	初始显示	备注
U06	软启动开始第 1 针（钉扣）/（r/min）	200~1 200	100	400	①
U07	软启动开始第 2 针（钉扣）/（r/min）	200~1 200	100	600	①
U08	软启动开始第 3 针（钉扣）/（r/min）	200~1 200	100	800	①
U09	软启动开始第 4 针（钉扣）/（r/min）	200~1 200	100	1000	①
U10	软启动开始第 5 针（钉扣）/（r/min）	200~1 200	100	1200	①

| U11 | 软启动开始模式（绕线）/（r/min） | | | | |

显示	第 1 针	第 2 针	第 3 针	第 4 针	第 5 针
迟	300	400	600	900	1200
稍早	400	500	700	1000	1600
早	600	900	1200	1600	1800
任意设定					

初始显示：稍早

No.	项 目	设定范围	编辑单位	初始显示	备注
U12	软启动开始第 1 针（绕线）/（r/min）	200~1800	100	400	②
U13	软启动开始第 2 针（绕线）/（r/min）	200~1800	100	500	②
U14	软启动开始第 3 针（绕线）/（r/min）	200~1800	100	700	②
U15	软启动开始第 4 针（绕线）/（r/min）	200~1800	100	1000	②

续表 5-38

No.	项　目	设定范围	编辑单位	初始显示	备注
U16	软启动开始第 5 针（绕线）/(r/min)	200~1800	100	1500	②
U17	缝料厚度（mm）。合缝、计数缝纫时修正纽扣夹电动机的高度	0~10	0.1	2	
U18	舌布压脚"ON"同步：设定舌传感器进入后到布压脚"ON"为止的待机时间	0~500	5ms	100	
U19	设定操作速度：设定踏板操作的送布电动机的动作速度 1:迟 10:早	1~10	1	10	
U20	手插模式时的下送移动量(mm)。设定了缝料安放位置的下送电动机移动量向前移动	0~25	0.1	10	
U21	手插模式时的布压脚位置			上	

注：①仅为 U05 任意设定时显示。
②仅为 U11 任意设定时显示。

②等级 2 存储器数据,持续按 6 时,模式开关变为可编辑的状态,模式开关编辑状态见表 5-39。

表 5-39　模式开关编辑状态

No.	项　　目	设定范围	编辑单位	初始显示	备注
K01	VCM 开始控制角度	−20°~20°	1°	0	①
K02	舌上升量/mm	10~24	0.1	16.5	①
K03	剪线控制模式: 　:剪线优先模式 　:循环时间优先模式			剪线优先模式	
K04	纽扣供料器插入高度修正/mm	10~25	0.1	17	
K05	捞缝宽度设定的最大值/mm	0~6	0.2	1.6	
K06	捞缝里孔下送位置(mm),设定在捞缝里孔的原点到下送位置	0~2	0.1	1.5	
K07	机头放倒传感器检测 ON/OFF 　:OFF 　:ON			ON	
K08	机头类型 TYPE ①标准; ②~⑨:未使用	1~9	1	1	①

续表 5-39

No.	项　目	设定范围	编辑单位	初始显示	备注
K09	每次原点检索②： ①仅下送时 ②下送＋机针摆动 ③下送＋拉线 ④下送＋机针摆动＋拉线	1～4	1	1	
K10	纽扣供料器上升量(mm)，设定夹起纽扣后的上升量	5～10	0.1	6.5	
K11	距离舌止动下板的高度(mm)，在舌止动器零件后进行设定	0～8	0.1	5.6	
K12	更换舌的显示模式 　按准备键后，判断 AMB－189 型的舌或 AMB－289 型的舌，显示如下③ 189 289　：无显示； 189　：需要更换舌； 189/289　：使用 AMB-189 型的舌（宽幅）时； 189/289　：使用 AMB-289 型的舌（窄幅）时； ：每次显示使用的舌类型			189 289 需要更换舌时	

续表 5-39

No.	项目	设定范围	编辑单位	初始显示	备注
K13	更换舌捞缝宽度（mm） 确认画面的标准捞缝宽度	1～20	0.1	1.6	
K14	踏板类型,设定使用的踏板种类 ⊘PK－47 　　：标准踏板 PK－47 　　：PK－47			⊘PK－47 标准踏板	
K51	修正机针摆动电动机原点/mm	−5～5	0.05	0	①
K52	修正差动电动机原点/mm	−2～2	0.1	0	①
K53	修正 Y 上送电动机原点/mm	−5～5	0.05	0	①
K54	修正 Y 下送电动机原点（捞缝原点）/mm	−5～5	0.05	0	①
K55	修正 Y 下送电动机原点（修正绕线）/mm	−5～5	0.05	0	①
K56	修正 Y 下送电动机原点（合缝原点）/mm	−5～5	0.05	0	①
K57	修正压脚电动机原点（脉冲）	−50～50	1	0	①
K58	修正拉线电动机原点（脉冲）	−10～10	1	0	①
K59	修正供料器电动机原点（脉冲）	−50～50	1	0	①

注:①是机头 EEP−ROM 里记忆的数据,出厂时写入调整值。
　　②下送的原点检索仅在拉线缝时进行。
　　③判断值用 K13 来决定。

八、更换机针和纽扣夹

(1)更换机针　更换机针如图 5-48 所示。

①显示数据输入画面(单独缝纫、循环缝纫)或缝纫画面(单独缝纫、循环缝纫)。

②呼出更换机针画面。按更换机针键 1 后,机针下降到可以更换机针的位置,更换机针画面 A 被显示出来。

③从缝纫机的正面看,将机针完全插入针杆顶部,把机针的凹部朝向 A 侧,用一字螺钉旋具拧紧固定螺钉 2。

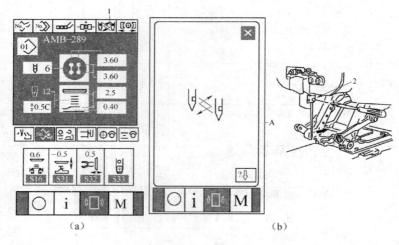

(a)　　　　　　　　　　　　(b)

图 5-48　更换机针

(a)更换机针画面　(b)机针安装

1. 更换机针键　2. 紧固螺钉

④按穿线图显示键 1 后,显示穿线图如图 5-49 所示。

(2)更换纽扣夹

①显示更换纽扣夹画面如图 5-50 所示,按模式键 1 后,画面上纽扣夹调整键 2 被显示出来。按该按钮后纽扣夹调整画面被显示出来。

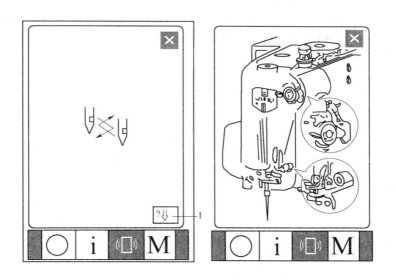

图 5-49　显示穿线图

1. 穿线图显示键

图 5-50　显示更换纽扣夹画面

1. 模式键　2. 纽扣夹调整键

②纽扣夹的安装与确认。如图5-51所示。旋松螺钉2,更换纽扣夹1。按纽扣夹动作键3后,纽扣夹进行开闭、反转动作。纽扣夹动作确认见表5-40。

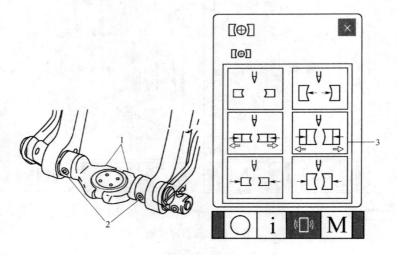

图5-51　纽扣夹的安装与确认
1. 纽扣夹　2. 螺钉　3. 纽扣夹动作键

表5-40　纽扣夹动作确认

纽扣夹	纽扣夹水平/垂直	纽扣夹开闭
	水平	开放
	水平	自由
	水平	关闭

续表 5-40

纽扣夹	纽扣夹水平/垂直	纽扣夹开闭
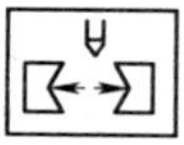	垂直	开放
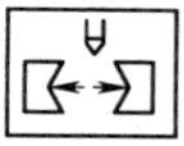	垂直	自由
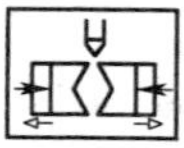	垂直	关闭

第五节　管理数据

一、管理数据输入画面

在数据输入画面上显示的键可调整为用户方便使用的键。

(1)登记方法　管理数据登记如图 5-52 所示。

①持续 3s 按模式键 1 后,画面上显示出输入画面的管理键 2。按该按钮后输入画面的管理画面被显示出来。

②每次按 3~7 键后,键的状态变化。应设定为方便使用的键状态后再使用设定选项。设定选项见表 5-41。

③管理键 8 上最多可以登记 4 个缝纫数据。应把频繁使用的缝纫数据登记后再使用,按管理键 8 后,缝纫数据画面被显示出来。

④用缝纫数据键 9 选择想登记的缝纫数据,再次按选择键后,选择被解除。

⑤按确定键 10 后,向管理键的登记结束,显示出登记键的登记画面,登记的缝纫数据显示在管理键上。

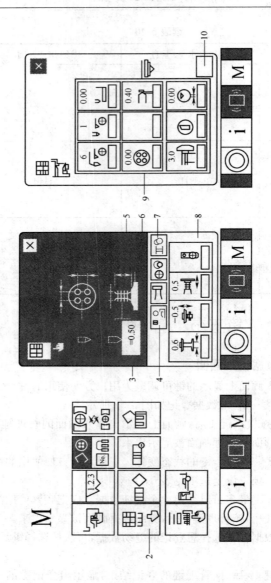

图 5-52 管理数据登记

1. 模式键 2. 输入画面的管理键 3、4、5、6、7. 键 8. 管理键 9. 缝纫数据键 10. 确定键

表 5-41　设定选项

记号	显　　示	内　　容
3	0.50	绕线简易设定
		绕线详细设定
4		显示转速键
		不显示转速键
5		显示力线设定键
		不显示力线设定键
6		钉扣线张力简易设定
		钉扣线张力详细设定
		不显示钉扣线张力
7		绕线线张力简易设定
		绕线线张力详细设定
		不显示绕线线张力

(2)购买时的登记状态　购买时的登记状态见表 5-42,按从左起顺序。

表 5-42　购买时的登记状态

名　称	图　示
捞缝宽度	
修正捞缝时的键保持高度	
修正松线	
选择供料器	

二、管理缝纫画面

①管理缝纫画面如图 5-53 所示。持续 3s 按模式键 1 后,画面上显示出缝纫画面管理键 2。按键后,缝纫画面管理画面被显示出来。

②每次按键 3~8 后,键的状态变化,应设定为容易使用的键状态后再使用。选择键的状态见表 5-43。

③把图案登到直接键,直接键上最多可以登记 10 个单独缝纫、循环缝纫图案,在画面上同时显示 10 个直接图案登记键 9。

④通过图案键 10 选择想登记的图案,按循环图案变换键 11 后,显示循环图案画面,再次按选择键,选择登记被解除。

按确定键 12 后,向直接键的登记结束,显示直接键的登记画面。登记的图案 No. 在直接键上显示出来。

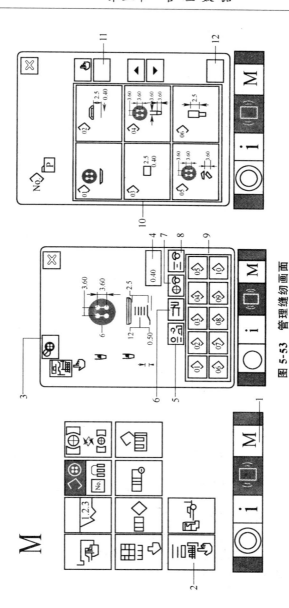

图 5-53　管理缝纫画面

1. 模式键　2. 缝纫画面管理键　3、4、5、6、7、8. 管理键　9. 直接图案登记键
10. 图案键　11. 循环图案变换键　12. 确定键

表 5-43 选择键的状态

记号	显　示	内　容
3	 ⊕	显示中心调整键
	 ⊗	不显示中心调整键
4	0.40	显示捞缝量设定键
	⊘40	不显示捞缝量设定键
5		显示转速键
		不显示转速键
6		显示力线设定键
		不显示力线设定键
7		简易设定钉扣线张力
		详细设定钉扣线张力
		不显示钉扣线张力
8		简易设定绕线线张力
		详细设定绕线线张力
		不显示绕线线张力

三、锁定键和显示版本信息

(1)锁定键　锁定键如图 5-54 所示。

①按模式键 1 持续 3s 后,画面上显示出锁定键 2。按此键后,锁定键画面被显示出来,并显示现在的设定状态。

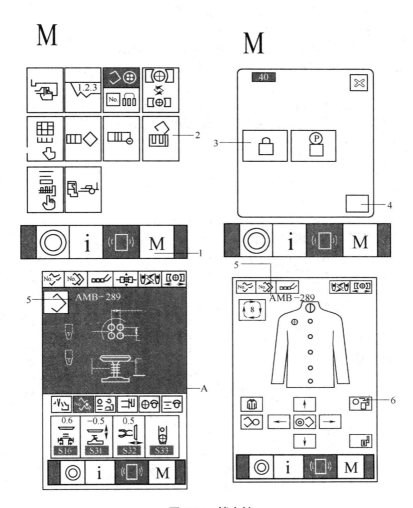

图 5-54 锁定键

1. 模式键 2. 锁定键 3. 锁定键状态键

4. 确认键 5. 表示锁定键状态的图标 6. 键

锁开图案为未设定锁定;锁闭图案为已设定锁定。

　　②用锁定键设定画面,选择锁定键状态键 3,按确认键 4 后,关闭锁定键设定画面,设为锁定键状态。

　　③关闭模式画面,显示数据输入画面后,在显示图案 No. 的右侧,显示出表示锁定键状态的图标 5。另外,在锁定键状态也仅显示可以使用的键 6。

　　(2)显示版本信息　显示版本信息画面如图 5-55 所示。按住模式键 1 持续 3s 后,画面上显示出版本信息键 2。按该键后,版本信息画面被显示出来。

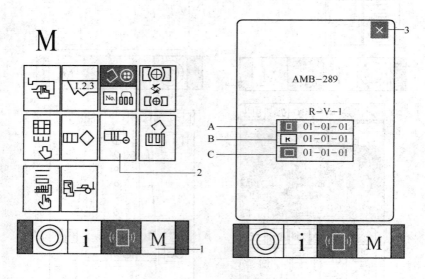

图 5-55　显示版本信息
1. 模式键　2. 版本信息键　3. 取消键
A—操作盘版本信息　B—主程序版本信息　C—伺服程序版本信息

　　在版本信息画面上使用的缝纫机版本信息被显示,可以进行确认。按取消键 3 后,关闭版本信息,显示出模式画面。

第六节 其他程序和功能

一、检查程序

(1)显示检查程序画面 检查程序画面如图 5-56 所示。持续 3s 按住模式键 1 后,在画面上显示出检查程序键 2。按该键后,检查程序画面被显示出来。

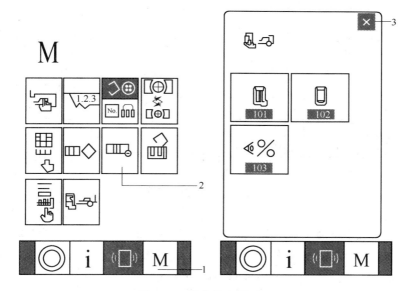

图 5-56 检查程序画面
1. 模式键 2. 检查程序键 3. 取消键

检查程序有三个项目:101 为修正触摸盘;102 为检查液晶;103 为检查传感器。

(2)检查传感器 检查传感器如图 5-57 所示。

①按检查程序画面的检查传感器键 1 后,显示出检查传感器画面。

②在检查传感器画面上,各种传感器的输入情况可用传感器输入情况 2 确认。

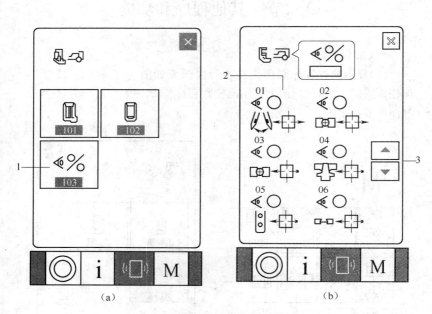

（a）　　　　　　　　　　　　（b）

图 5-57　检查传感器

1. 检查传感器键　2. 传感器输入情况　3. 上下键

按上下键 3，显示出确认的传感器输入情况见表 5-44。🅐为"ON"状态；🄰为"OFF"状态。

表 5-44　传感器输入情况

号码	图　标	传感器内容
01		机针摆动电动机原点
02		差动电动机原点

续表 5-44

号 码	图 标	传感器内容
03		Y 送上电动机原点
04		Y 送下电动机原点
05		纽扣供料器电动机原点
06		压脚电动机原点
07		拉线电动机原点
08		温度检测
09		暂停
10		安全开关

续表 5-44

号码	图　标	传感器内容
11		空气压力传感器
12		舌开闭
13		下板上升(后侧)
14		下板下降(前侧)
15		纽扣夹反转(左侧)
16		纽扣夹水平(右侧)
17		纽扣夹开闭
18		踏板起动
19		踏板输入
20		针杆角度

（3）检查液晶 检查液晶如图 5-58 所示。

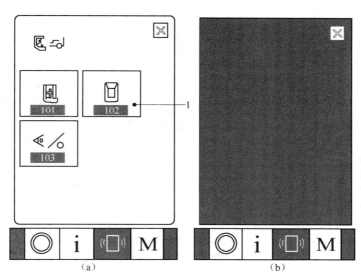

图 5-58 检查液晶

1. 检查液晶键

①按检查程序画面中的检查液晶键 1 后，显示出检查液晶画面。

②检查液晶画面，仅显示一种颜色，应在此状态下确认点阵是否脱落。确认完毕，应单击画面的适当部位，关闭检查液晶画面，显示出检查程序画面。

（4）修正触摸键盘 修正触摸键盘如图 5-59 所示。

①按检查程序画面中的触摸键盘修正键 1 后，显示出修正触摸键盘画面。

②单击左下角位置（图 5-59b），按画面左下方的修正用红圆点 3。修正结束后，可按取消键 2。

③单击右下角位置（图 5-59c），按画面右下方的修正用红圆点 4。修正结束后，可按取消键 2。

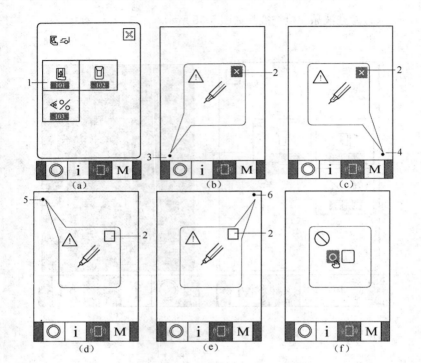

图 5-59　修正触摸键盘

1. 触摸键盘修正键　2. 取消键　3、4、5、6. 修正用红圆点

④单击左上角位置(图 5-59 d),按画面左上方的修正用红圆点 5。修正结束后,可按取消键 2。

⑤单击右上角位置(图 5-59 e),按画面右上方的修正用红圆点 6。修正结束后,可按取消键 2。

⑥按了上述 4 个角上的修正用红圆点后,保存修正数据,显示禁止电源"OFF"的画面被显示出来。

在显示此画面期间,不要关闭电源,如果关闭电源,修正的数据将不能保存。保存结束后,会自动显示出检查程序画面(图 5-59 f)。

(5)异常代码　异常代码见表 5-45。

表 5-45 异常代码

异常代码	图标	异常内容	复位方法	复位部位
E001		主控制电路板的 EEP-ROM 初始联系,EEP-ROM 上没有写入数据或数据损坏时,自动进行初始化,此时进行通知	电源 "OFF"	
E007		主轴电动机锁定,缝制机针阻抗大的大型缝制物时	电源 "OFF"	
E011		外部媒体没有插入	复位后可重新启动	
E012		读取异常,从外部媒体不能读取数据	复位后可重新启动	前画面
E013		写入异常,从外部媒体不能写入数据	复位后可重新启动	前画面
E014		禁止写入,从外部媒体禁止写入数据	复位后可重新启动	前画面
E015		初始化异常,不能格式化外部媒体	复位后可重新启动	前画面
E016		外部媒体容量不足	复位后可重新启动	前画面
E017		EEP-ROM 的容量不足	复位后可重新启动	前画面
E018	TYPE	EEP-ROM 的类型不对	电源 "OFF"	前画面

第五章　重机 AMB-289 型高速电子单线环
绕线钉扣机

续表 5-45

异常代码	图标	异常内容	复位方法	复位部位
E019		文件尺寸过大,想读取的文件尺寸过大	复位后可重新启动	前画面
E022	No.	文件№异常,服务器或外部媒体内没有指定的文件	复位后可重新启动	前画面
E023		压脚电动机失调检测异常,通过压脚提升电动机原点传感器时,检测出电动机失调	复位后可重新启动	数据输入画面
E024	№VOT	下载的缝纫数据尺寸过大,不能缝纫	复位后可重新启动	数据输入画面
E027		读取异常,不能读取管理服务器中的数据	复位后可重新启动	前画面
E028		写入异常,不能向服务器写入数据	复位后可重新启动	前画面
E029		方便媒体插口开放异常,方便媒体插口的盖打开	复位后可重新启动	前画面
E030		针杆上针异常,机针上动作时,机针没有停到上针位置	复位后可重新启动	数据输入画面
E031		空气压力过低	复位后可重新启动	数据输入画面
E042	No.	运算异常,缝纫数据不能运算	复位后可重新启动	数据输入画面
E050		停止开关,误按缝纫机起动停止开关	复位后可重新启动	数据输入画面

续表 5-45

异常代码	图标	异常内容	复位方法	复位部位
E098		针杆下降异常,针杆不能下降时	复位后可重新启动	步骤画面
E099		供料器电动机失调检测异常,通过供料器电动机原点传感器时,测出电动机失调	复位后可重新启动	步骤画面
E302		确认机头放倒,机头放倒,传感器"OFF"	复位后可重新启动	数据输入画面
E303		缝纫机电动机的半圆板传感器异常	电　源"OFF"	
E394		下板下降传感器未检测,下板下降传感器不能进入	复位后可重新启动	数据输入画面
E395		下板上升传感器未检测,下板上升传感器不能进入	复位后可重新启动	数据输入画面
E396		舌开闭传感器未检测,舌开闭动作时,传感器不能进入或者退不出。	复位后可重新启动	数据输入画面
E397		纽扣夹开闭传感器未检测,缝纫机动作开始时,传感器不能进入。	复位后可重新启动	数据输入画面
E398		纽扣夹水平传感器未检测,纽扣夹水平动作开始时,传感器不能进入	复位后可重新启动	数据输入画面
E399		纽扣夹反转传感器未检测,纽扣夹反转动作开始时,传感器不能进入	复位后可重新启动	数据输入画面

续表 5-45

异常代码	图标	异常内容	复位方法	复位部位
E401		不能复制,要复制登记好的图案 No. 时,循环缝纫:	按取消按钮后,可以重新启动	图案一览画面
E402		删除图案异常,登记的图案 No. 被登记到循环缝纫时,或者图案 No. 仅有一个时,删除图案,循环缝纫:	按取消按钮后,可以重新启动	图案一览画面
E497		舌类型异常,循环数据种类,AMB289 型和 AMB189 型的舌混合被使用时	复位后可重新启动	
E498		缝纫时纽扣保持高度过高,钉扣时,纽扣保持高度过高不能缝纫	复位后可重新启动	数据输入画面
E499		超过 Y 送电动机移动界限值,柄扣、云石扣缝纫的输入数据超过了 Y 送移动量的最大值时(最大动作量为 15mm)	复位后可重新启动	数据输入画面
EE702		显示数据异常,操作盘没有显示数据	电源"OFF"重新改写程序	
E703		操作盘与缝纫机错误连接(机种异常),初期通信时,系统的机种代码不一致	按通信开关后,可以改写程序	数据输入画面
E704		初期通信时,系统软件的版本不一致	按通信开关后,可以改写程序	通信画面
E730		主轴电动机调节器不良、缺相,缝纫机电动机的调节异常	电源"OFF"	通信画面

续表 5-45

异常代码	图标	异常内容	复位方法	复位部位
E731		主轴电动机传感器不良,位置传感器不良;缝纫机电动机的传感器或位置传感器不良	电源"OFF"	
E733		主轴电动机倒转	电源"OFF"	
E801		电源缺相,输入电源发生缺相	电源"OFF"	
E802		检测出输入电源瞬间断电	电源"OFF"	
E811		电压过高,输入电压在 280V 以上	电源"OFF"	
E813		电压过低,输入电压在 150V 以下	电源"OFF"	
E901		主轴电动机 IPM 异常,伺服控制电路板的 IPM 异常	电源"OFF"	
E902		主轴电动机电流过大	电源"OFF"	
E903		脉冲电动机电源异常,伺服控制电路板的脉冲电动机电源在 15%以上变动	电源"OFF"	
E904		继电器电源异常,伺服控制电路板的继电器电源在 15%以上变动	电源"OFF"	

续表 5-45

异常代码	图标	异常内容	复位方法	复位部位
E905		伺服控制电路板用加热器温度异常,伺服控制电路板的加热器达 85℃以上时	电源"OFF"	
E907		机针摆动电动机原点检索异常,原点检索时,原点传感器信号不能输入	电源"OFF"	
E908		Y 送布电动机原点检索异常,Y 送布电动机原点检索时,原点传感器信号不能输入	电源"OFF"	
E910		压脚电动机原点检索异常,压脚电动机原点检索时,原点传感器信号不能输入	电源"OFF"	
E915		操作盘与主 CPU 之间数据通信异常	电源"OFF"	
E916		主 CPU 与主轴 CPU 之间数据通信异常	电源"OFF"	
E917		操作盘与计算机之间数据通信异常	电源"OFF"	
E918		主控制电路板用热敏器温度异常,主控制电路板的热敏器达 85℃以上时	电源"OFF"	
E923		VCM 温度异常,VCM 达到 70℃时	电源"OFF"	

续表 5-45

异常代码	图标	异常内容	复位方法	复位部位
E943		主控制电路的 EEP-ROM 不良,不能向 EEP-ROM 写入数据	电源 "OFF"	
E946		机头连接电路板的 EEP-ROM 写入不良,不能向 EEP-ROM 写入数据	电源 "OFF"	
E948		P-ROM 异常。下载程序时不能进行 F−ROM 的消去、写入	电源 "OFF"	
E996		拉线电动机原点检索异常,在原点检索动作时,原点传感器信号不能输入	电源 "OFF"	
E997		纽扣供料器电动机原点检索异常,在原点检索动作时,原点传感器信号不能输入。	电源 "OFF"	
E998		差动电动机原点检索异常,在原点检索动作时,原点传感器信号不能输入	电源 "OFF"	
E999		Y 送上电动机原点检索异常,在原点检索时,原点传感器信号不能输入	电源 "OFF"	

二、通信功能

通信功能可以把其他缝纫机编制的缝纫数据或用缝纫数据编辑装置 PM-1 编制的缝纫数据下载到缝纫机。另外,还可以方便从媒体或计算机里加载上述数据。作为通信媒体,应准备方便媒体和 RS-232C 的通信接口。为了从计算机下载、上传,需要 SU-1(数据服务器实用软件)。

1. 可以处理的数据

可以处理的缝纫数据见表 5-46。

表 5-46　可以处理的缝纫数据

数据名	图标	名称后缀	数据内容
参数值	No. EPD	AMB00△△△.EPD	缝纫机编制的缝纫形状、缝纫方式、纽扣眼间隔等（AMB）固有的缝纫数据形式

注：△△△为文件 No.。

向方便媒体保存数据时，可用如图 5-60 所示的文件夹结构进行保存。如果不能保存到正确的文件夹里，就不能读取文件。

在方便媒体里事先保存有 PROG，切不可删除。

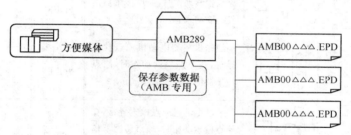

图 5-60　向方便媒体保存数据

2. 使用方便媒体进行通信

(1)安装操作　安装操作如图 5-61 所示。

①打开操作盘侧面的上侧护盖后，有方便媒体卡的插入口，应把触点部朝前插进插入口。

②插入方便媒体后，大约露出 10mm 的位置时暂时停止插入，然后再用力插，直到不能插动为止，然后再返回 1mm 左右即完成安装。

③安装好媒体卡后，应关闭方便媒体卡的护罩，然后可进行通信。

如果方便媒体卡和护罩相碰而不能关闭时，应确认露出 10mm 左右时是否继续推进；触点部是否朝下插入；是否使用了 3.3V 电压规格以外的方便媒体卡。

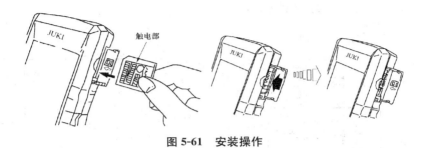

图 5-61 安装操作

　　(2)取出操作 取出操作如图 5-62 所示。打开方便媒体护罩把卡插到最里边,然后与安装相反,退到 10mm 左右的位置,把卡拔出来即可。

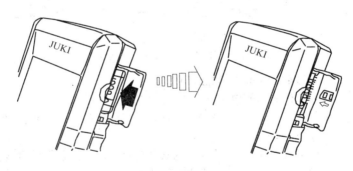

图 5-62 取出操作

　　(3)初始化操作 初始化操作如图 5-63 所示。要再次初始化方便媒体卡时,一定要用 IP-200 来进行,计算机进行初始化的方便媒体卡 IP-200 不能使用。

　　①持续 3s 按开关键 1 后,画面上显示出方便媒体初始化键 2,按该键后方便媒体初始化画面被显示出来。

　　②把需要初始化的方便媒体安装到方便媒体插口,然后盖上盖子,按确定键 3 后,开始方便媒体的初始化。

初始化前,应事先把方便媒体里需要的数据保存到其他媒体里,初始化后内部的数据将被取消。

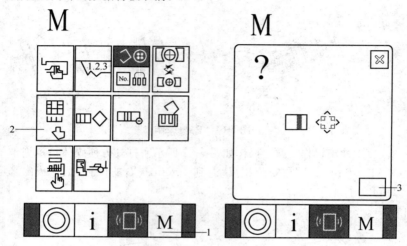

图 5-63　初始化操作

1. 开关键　2. 媒体初始化键　3. 确定键

（4）方便媒体处理时的禁止事项

①方便媒体式精密电子部件不可弯曲或冲击。

②为了防止意外事故的发生,方便媒体里保存的数据,应定期保存到其他媒体里。

③初始化数据前,应确认卡内的数据均是不需要的数据后,再进行初始化,初始化后内部的数据将全部被取消。

④不要在高温多湿的地方使用和存放。不要在发热和引火物附近使用。

⑤触点部位脏污会造成接触不良,因此不要用手触摸,也不要沾上脏污、灰尘或机油等异物。另外,静电会造成内部元件的损坏。

⑥方便媒体具有一定的使用寿命,长时间使用会造成不能写入数据或被消除,应更换新的方便媒体卡。

3. 使用 RS-232C 进行通信操作

使用 RS-232C 进行通信操作如图 5-64 所示。安装方法为打开操作盘侧面的护罩下侧后,有 RS-232C 用倒转式九销接头,把电缆线插到此处。带有锁定用的螺钉时,为了防止脱落应拧紧螺钉。

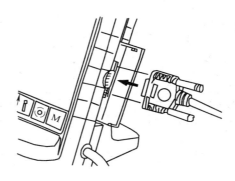

图 5-64　使用 RS-232C 进行通信操作

4. *处理数据操作*

处理数据操作如图 5-65 所示。

(1)显示通信画面　在数据输入画面,按通信开关 1 后,显示通信画面。

(2)选择通信方法　通信方法有以下四种,可选择所需的通信方法键。

①键 5 为方便媒体操作盘的数据写入。

②键 3 为计算机(管理人)操作盘的数据写入。

③键 4 为操作盘方便媒体的数据写入。

④键 2 为操作盘计算机(管理人)的数据写入。

(3)选择数据号　按键 6 后,写入文件选择画面被显示出来,输入需要写入的数据文件号码。输入文件名 AMBOO△△△. EPD 中的"△△△"部的数字。写入位置的图案 No. 可以和原来相同,写入位置是操作盘时会显示出来未登记的图案 No. 。

(4)确定数据号码　按确定键 7 后,关闭数据号码选择画面,数据号码的选择结束。

(5)开始通信　按通信键 8 后,开始数据通信。通信中显示通信画面,通信结束后,返回通信画面 A。

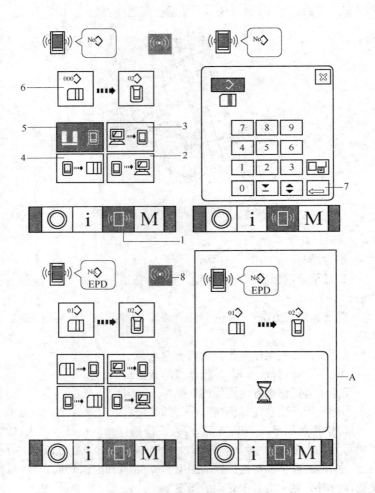

图 5-65　处理数据操作

1. 通信开关　2、3、4、5. 数据写入　6. 键

7. 确定键　8. 通信键

读取数据时不要打开盖子,否则有可能不能正常读取数据。

三、信息功能

1. 信息功能的作用

①指定缝纫机油更换(加油)时期、机针更换时期、清扫时期,当到达指定时间后,机器会进行通知。

②利用显示目标值和实际值功能,可以提高生产和小组的完成目标的意识,可以准确确认进度。

③可以显示缝纫机的运转情况,缝纫机工作效率、间隔时间、机器速度的信息。另外,连接 SU-1(缝纫机数据服务器实用软件)使用,可以用服务器管理数台缝纫机信息,如图 5-66 所示。

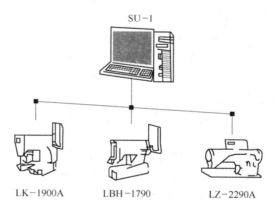

图 5-66　用服务器管理数台缝纫机信息

2. 维修检查信息

维修检查信息如图 5-67 所示。

(1)显示信息画面　在数据输入画面,按信息键 1 后,信息画面被显示出来。

(2)显示保养维修画面　按信息画面的保养维修信息画面显示键 2。在保养维修信息画面上,有以下三个项目的信息被显示出来。

①更换机针(1000 针)。

②清扫时间(h)。

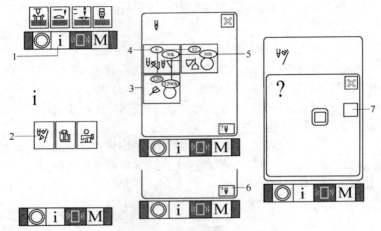

图 5-67　维修检查信息

1. 信息键　2. 保养维修信息画面显示键　3. 项目显示键
4. 更换剩余时间显示键　5. 维修间隔显示键　6. 穿线键　7. 清除键

③机油更换时间(加油时间、小时)。

各项目显示在键 3 位置,通知维修的间隔显示在键 5,至更换的剩余时间显示在键 4。

(3)清除至更换的剩余时间　按要清除的项目显示键 3 后,清除更换时间画面被显示出来。按清除键 7 后,至更换的剩余时间被清除。

(4)显示穿线图　按了在维修保养信息画面上显示的穿线键 6 后,穿线图被显示出来。

3. 输入维修保养时间信息

维修保养时间信息如图 5-68 所示。

(1)显示信息画面(维修人员等级)　在数据输入画面,按维修检查信息键 1 约 3s 后,信息画面(维修人员等级)被显示出来,左上方的图标由蓝色变成橘黄色,有五个键被显示出来。

(2)显示维修保养画面　按信息画面的维修保养信息画面显示键 2。在维修保养信息画面上,显示出与通常的维修保养信息画面一样的信息。按想要变更维修保养时间的项目键 3 后,维修保养时间输入画面被显示出来。

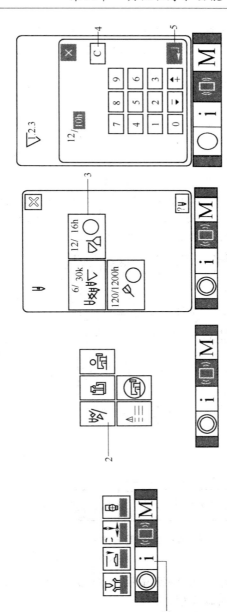

图 5-68 维修保养时间信息

1. 维修检查信息键 2. 维修保养信息画面显示键 3. 维修保养时间的项目键
4. 清除键 5. 回车键

(3)输入维修保养时间　　把维修保养时间设定为"0"后,则停止维修保养功能。按清除键 4 后,返回初始值。各项目维修保养时间的初始值如下。

①更换机针(1000h):0。

②清扫时间(h):0。

③机油更换时间(加油时间)(h):500。

按回车键 5 后确定输入的值。

4. 解除警告方法

到指定的维修保养时间后,警告画面被显示出来。要清除维修保养时间时,按清除键 2,清除维修保养时间,关闭显示画面;不清除维修保养时间时,按取消键 1,关闭显示画面。在清除维修保养时间之前,每次缝纫结束后显示警告画面。解除警告方法如图 5-69 所示。

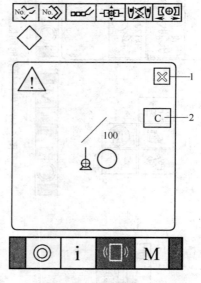

图 5-69　解除警告方法
1. 取消键　2. 清除键

各项目警告号码:机针更换显示为"A201";清扫时间显示为"A202";机油更换时间显示为"A203"。

四、生产管理信息

在生产管理画面上指定开始,可以显示从开始到当前的生产件数、生产目标件数等。生产管理画面的显示方法有两种。

1. 从信息画面显示的操作

(1)显示信息画面　显示信息画面如图 5-70 所示。在数据输入画面,按开关部的信息键 1 后,信息画面被显示出来。

(2)显示生产管理画面　按信息画面的生产管理画面显示键 2 后,生产管理画面被显示出来。生产管理画面上显示有下列五个项目的信息。

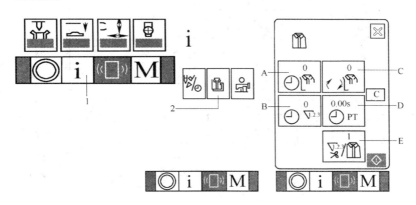

图 5-70　显示信息画面

1. 开关部的信息键　2. 生产管理画面显示键

①A 为现在的目标值。自动显示出截至当前的目标缝纫件数。

②B 为实际值。自动显示已经缝纫的件数。

③C 为最终目标值。显示最终的缝纫件数。

④D 为间隔时间。显示一个工序需要的时间(s)。

⑤E 为切线次数。显示平均一个工序的切线次数。

在 AMB 中,缝纫一个图案切线后加算计数一次。

2. **显示缝纫画面**

显示缝纫画面如图 5-71 所示。

（1）**显示缝纫画面**　在数据输入画面,按开关部的准备键 1 键,缝
纫画面被显示出来。

（2）**显示生产管理画面**　在缝纫画面按开关部的信息键 2 后,生
产管理画面被显示出来。所显示内容和功能与从信息画面显示的相
同,如图 5-71b 所示。

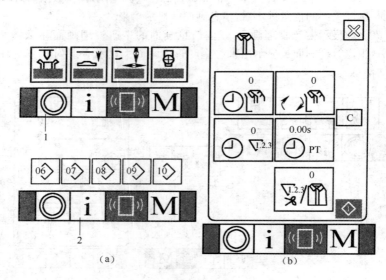

图 5-71　显示缝纫画面
1. 准备键　2. 信息键

3. 进行生产管理信息的设定

生产管理信息的设定如图 5-72 所示。

（1）**输入最终目标值**　显示生产管理画面。输入从当前开始进行
缝纫工序的生产目标件数,按最终目标键 3 后,最终目标值输入画面被
显示出来。用 0~10 数字键或上下按键输入想要用 0~10 数字键或上
下按键输入的数值后,按回车键 6。

（2）**输入间隔时间**　输入工序需要的间隔时间,按上述项目的间
隔时间键 4 后,间隔时间输入画面被显示。用 0~10 数字键或上下按
键输入想要的数值后,按回车键 6。

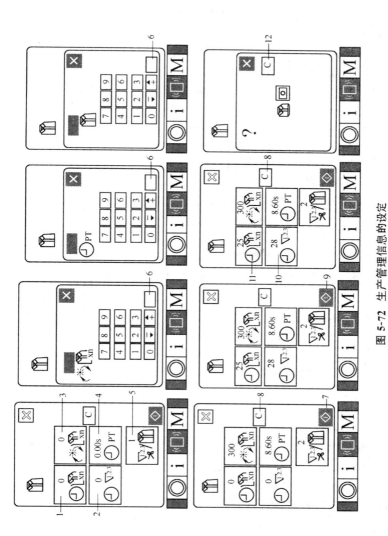

图 5-72 生产管理信息的设定

1.2.3. 最终目标键 4. 间隔时间键 5. 切线次数键 6. 回车键 7. 开始键
8. 计数中停止开关（清除键） 9. 停止键 10. 实际值 11. 现在目标值 12. 清除键

(3)输入切线次数　输入平均一个工序的次数,按前页的切线次数键5后,想要切线次数的输入画面被显示。输入数字0～10。

输入为0时,不进行切线次数的计数,应连接外部开关后使用。在AMB中缝制了一个图案切线后加算计数一次。

(4)开始生产件数的计数　按开始键7后,开始生产件数的计数。

(5)停止计数　参照"生产管理信息"的项目,显示生产管理画面,计数中停止开关8被显示出来,按停止键9后,停止计数。停止后在停止键的位置显示出开始键,继续进行计数时,应再次按开始键7。在按清除键前,计数的数值不会被清除。

(6)清除计数值　清除计数值时,计数器为停止状态,按清除键12,可以被清除的值仅为现在目标值11的实际值10。

仅在清除键为停止状态时可以显示,按清除键后,显示出清除确认画面。在清除确认画面按清除键12后,计数值被清除。

4. 运转测定信息的设定

运转测定信息的设定如图5-73所示。

(1)显示运转测定信息画面　在输入画面,按信息键1后,信息画面被显示出来。

(2)设定运转测定信息　按信息画面的运转测定显示键2,显示出运转测定画面。运转测定画面上显示出以下五项信息:

①从开始测定机器运转率时起自动显示;

②从开始测定机器转速时起自动显示;

③从开始测定间隔时间起自动显示:

④从开始测定机器时间起自动显示;

⑤显示切线次数。

(3)输入切线次数　输入平均一个工序的切线次数,按切线次数键5后,显示出切线次数输入画面。用0～10数字键或上下按键输入想要的值后,按回车确定键9。

输入值为"0"时,不进行切线次数的计数,应连接外部开关来使用。在AMB中,缝制了一个图案切线后加算计数一次。

(4)开始测定　按开始键4后,开始进行各数据的测定。

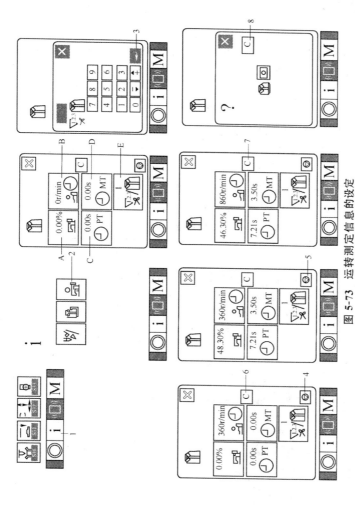

图 5-73　运转测定信息的设定

1. 信息键　2. 运转测定显示　3. 确定键　4. 开始键　5. 切线次数键

6,7,8. 清除键

(5)停止计数　参照"运转测定信息"的项目,显示运转测定画面。测定时开始键 4 显示为停止开关,按停止键后,停止测定。停止后在停止键的位置显示为开始键 4。继续进行测定时,应再次按开始键 4。在按清除键 6 之前,测定的数值不会被清除。

(6)清除计数值　清除计数器值时,计数器应为停止状态,按清除键 7。按清除键 7 后显示清除确认画面。在清除确认画面,按清除键 8 后读数。

仅在清除键为停止状态时可以显示。

五、维修人员专用通信画面

通信画面里有一般使用人员使用的不同数据。

1. 关于可以处理使用的数据

在维修人员专用通信画面时,除一般数据以外还有 5 种数据可以使用,可以处理使用的数据见表 5-47。

表 5-47　可以处理使用的数据

数据名称	图标	后缀	数据内容
调整数据		机种名称＋OO△△△. MSW; 例:AMB00001. MSW	存储器开关数据
全部缝纫机数据	DATA	机种名称＋OO△△△. MSP; 例:AMB00001. MSP	缝纫机里保存的所有数据
操作盘程序数据①		IP＋RVL(6 位). PRG; IM＋ RVL(6 位). BHD	操作盘的程序数据与显示数据
主程序数据①		MA＋ RVL(6 位). PRG	主程序数据
伺服程序数据①		MT＋ RVL(6 位). PRG	伺服程序数据

注:△△△为文件 N0.

①为操作盘程序数据、主程序数据、副程序数据的下载。

2. 显示维修人员专用内容

显示维修人员专用的通信画面。

持续 3s 按键 1 后，左上方的图示变成橘黄色 2，维修人员专用的通信画面被显示出来，如图 5-74 所示。

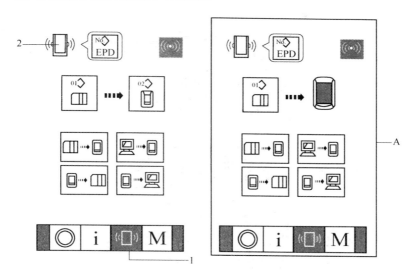

图 5-74　显示维修人员专用内容
1. 信息键　2. 显示橘黄色

选择了调整数据和全缝纫机数据后，变成图中 A 侧所示的显示，不需要指定操作盘侧的 No.。

3. 异常错误信息显示

异常错误信息的显示如图 5-75 所示。

(1) 显示维修人员的信息画面　在数据输入画面，持续 3s 按信息键 1 后，维修人员的信息画面被显示出来。在维修人员信息画面时，左上方的图标由蓝色变为橘黄色，共有五个键被显示。

(2) 显示异常错误信息画面　按信息画面的异常错误信息显示键 2，异常错误信息画面被显示。在异常错误信息画面，操作人员使用的缝纫机异常错误信息被显示，可以进行确认。

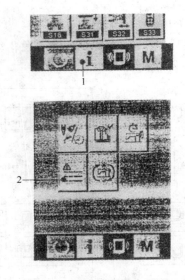

图 5-75　异常错误信息显示
1. 信息键　2. 异常错误信息显示键

①异常错误发生的顺序。

②异常错误代码。

③异常发生的累计通电时间(h)。

按取消键后,关闭异常错误信息画面,显示信息画面。

(3)显示异常错误的详细内容　想了解异常错误的详细内容时,应按异常错误信息显示键 2,异常错误详细画面被显示。对应异常错误代码的图标会被显示出来。

4. 累计运转信息的显示

(1)显示信息画面　累计运转信息的显示如图 5-76 所示。在数据输入画面,持续 3s 按信息键 1 后,维修人员的信息画面被显示出来。在维修人员信息画面时,左上方的图标由蓝色变为橘黄色,共有五个键被显示。

(2)显示累计运转画面　按信息画面的累计运转信息画面显示键 2,累计运转信息画面被显示。在累计运转信息画面,有四项信息被

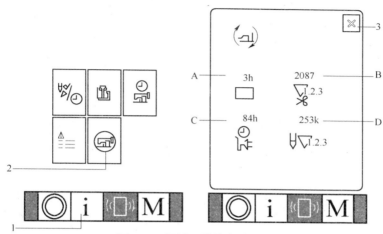

图 5-76 累计运转信息的显示

1. 信息键 2. 累计运转信息画面显示键 3. 取消键

A、B、C、D—四项信息显示

显示。

A：显示缝纫机累计运转时间(h)。

B：显示累计切线次数。

C：显示缝纫机的累计通电时间(h)。

D：显示累计针数(×1 000 针单位)。

按取消键3后，关闭累计运转信息画面，显示信息画面。